收納櫃設計

完全解剖書

【暢銷更新版】

設計師名單

懷特室內設計 ☎02-2749-1755
日作空間設計 ☎03-284-1606
摩登雅舍室內設計 ☎02-2234-7886
珥本設計 ☎04-2462-9882
思維空間設計 ☎04-2320-5720
甘納空間設計 ☎02-2775-2737
禾睿設計 ☎02-2547-3110
裏心設計 ☎02-2341-1722
寓子空間設計 ☎02-2834-9717
頑渼空間設計 ☎04-2296-4800
逸喬設計 ☎02-2963-2595
實適空間設計 ✉ sinsp.design@gmail.com
一水一木設計工作室 ☎03-550-0122
日和設計 ☎02-2598-6991
杰瑪室內設計 ☎02-2717-5669
大秝設計 ☎04-2260-6562
倍果設計 ☎02-2301-1512
創空間集團 ☎02-2706-5589
白金里居空間設計 ☎02-8509-1095
演拓空間設計 ☎02-2766-2589
福研設計 ☎02-2703-0303
天境空間設計 ☎04-2382-1758
采荷室內設計 ☎02-2311-5549

相即設計 ☎ 02-2725-1701
大漾帝設計 ☎ 02-8686-0221
PartiDesign Studio ☎ 0988-078-972
IKEA ☎ 02-2706-8900
竹工凡木設計研究室 ☎ 02-2836-3712
權釋設計 ☎ 02-2706-5589
丰品室內設計中心 ☎ 02-2259-6666
富美家 ☎ 0800-088-199
FUGE GROUP馥閣設計集團 ☎ 02-2325-5019
向度設計 ☎ 0966-437-008
方構制作空間設計 ☎ 02-2795-5231
王采元工作室 ✉ consult@yuan-gallery.com
文儀設計 ☎ 02-2775-4443
拾隅設計 ☎ 02-2523-0880
時冶設計 ☎ 02-2784-6088
巢空間室內設計 ☎ 03-955-3552
帷圓・定制 ☎ circle 02-2208-1935
築樂居 ☎ 03-5770-719
穆豐設計 ☎ 02-2958-1180
禾光室內裝修設計 ☎ 02-2745-5186
巢空間室內設計NestSpace ☎ 02-8230-0045
奇逸空間設計 ☎ 02-2755-7255
樂創空間設計 ☎ 04-2623-4567
深活生活設計 ☎ 02-2393-0771

目錄

Chapter 1 20則不可不知的收納櫃思維 …… 010

10大收納櫃NG災難設計 …… 012

10大關鍵迷思破解 …… 022

Chapter 2 130個收納櫃困惑詳解 …… 026

櫃體風格與形式

Q001 想要配合鄉村風的空間設計，櫃子的裝飾要如何搭配呢？…… 028

Q002 收納櫃應怎麼設計才能呈現現代風的韻味呢？…… 028

Q003 櫃子要怎麼搭配，居家空間才能有北歐風的風格？…… 029

Q004 要怎麼設計，才能做出具有古典風格的櫃子呢？…… 029

Q005 收納櫃共有哪些類型？在使用上有什麼不同呢？…… 030

Q006 想要設計一個做到天花板的書牆，容納更多的書，需要注意些什麼？…… 030

Q007 層板上的收藏品總容易堆積灰塵，有什麼方式可以解決？…… 031

Q008 衣櫃要怎麼設計，才會好拿好收不凌亂呢？…… 031

Q009 我的臥房比較小，什麼樣的衣櫃設計比較不佔空間呢？…… 032

Q010 我家玄關較窄，如果用一般的櫃子，收納空間會很小，該怎麼解決？…… 032

Q011 客廳的視聽櫃怎麼設計才能達到散熱又美觀的需求呢？…… 033

Q012 電視櫃想做成嵌入式櫃體的設計，有什麼需要注意的地方嗎？…… 033

收納櫃空間、動線、尺寸

Q013 客廳、玄關等居家空間，在設計櫃子上有沒有需要注意的地方？ 034

Q014 一般來說，通常會利用哪些空間放置櫃子？…… 034

Q015 我想在走道設置櫃子，但又怕空間變窄，該怎麼解決比較好？…… 035

Q016 想利用樓梯間或轉角處設置收納櫃，在設計上有什麼需要注意什麼？…… 035

SPACE 玄關

Q017 每次只要一開大門就會打到鞋櫃，進出都不方便，要怎麼改善比較好呢？…… 036

Q018 鞋櫃離玄關太遠，久而久之就懶得將鞋子放進鞋櫃，該怎麼改善才好呢？…… 036

Q019 鞋子大小高度不一，現成的櫃子很難符合我的需求，要做多大尺寸才對？…… 037

Q020 如果想在玄關櫃加裝穿衣鏡，有什麼需要注意的地方嗎？…… 037

Q021 我習慣將鞋子放進鞋盒收納，設計鞋櫃時該如何計算尺寸？…… 038

Q022 訂製的鞋櫃過沒多久就快不敷使用，有什麼方法可以增加收納空間？…… 038

Q023 如果想放穿鞋椅，還要可以收東西，怎樣的大小比較適合？…… 039

Q024 鞋櫃想要放雨傘，空間留多少才夠？…… 039

Q025 除了收納鞋子，若還想再收外衣、外套，櫃子要怎麼設計才對？…… 040

Q026 想在玄關放一些隨時可能用到的印章、鞋油等雜物，要怎麼設計才好拿取？…… 040

SPACE 客廳

Q027 想要整合收納DVD播放器、遊戲機等影音器材，電視櫃的大小要怎麼設計才對？…… 041

Q028 設計電視櫃時，高度要做多少才不會覺得太矮不好收？…… 041

Q029 我的書有高有低，如果想訂製一個書櫃，有沒有一些標準尺寸可以參考？…… 042

Q030 我想要一個雙層書櫃，可以有哪些做法？…… 042
Q031 我有一大堆的CD和DVD，不知道櫃子尺寸做多少比較好？…… 043
Q032 想要在客廳設計一個展示櫃＋收納櫃，尺寸大概多少會比較好用？…… 043
Q033 想把電風扇、除濕機、吸塵器等大型家電通通收起來，只能做大型儲藏室才OK嗎？…… 044
Q034 家裡的酒類很多，要怎麼規劃才好，才不會看起來凌亂但又能一目瞭然？…… 044

SPACE 餐廳＋廚房

Q035 L型廚房、一字型廚房和ㄇ字型廚房，在搭配櫃子時需要注意什麼？…… 045
Q036 想在流理檯上增加整排吊櫃收東西，大概要做多深才比較好用？…… 045
Q037 一大堆鍋碗瓢盆想要收在廚檯下面的廚櫃，深度大概多少比較適合？…… 045
Q038 怎樣的廚檯和吊櫃高度，才是適合使用的高度？…… 046
Q039 廚房電器櫃需要多大空間？在設計上有需要特別注意什麼呢？…… 046
Q040 收在電器櫃裡的微波爐、蒸爐這些電器用品，有時會覺得高度太矮，拿菜的時候都不方便，應該要怎麼擺多高才比較順手呢？…… 047
Q041 不想把鹽巴、醬油等常用調味料放在檯面上，但放在上櫃更不順手，該怎麼辦？…… 047
Q042 我收集了各種國內外的餐碗，要怎麼收藏才不會佔空間？…… 048
Q043 現在放刀叉、湯匙的抽屜太大，東西混在一起要找好久，有什麼好的解決方法？…… 048

SPACE 臥房＋更衣室

Q044 一般衣櫃會有哪些收納規劃？…… 049
Q045 我和先生的衣服樣式很多，長度也都不同，吊掛上要怎麼設計？…… 049
Q046 每次開關衣櫃時，常常都會卡到衣服，正確深度到底是多少？…… 050
Q047 抽屜、層板樣式好多，它們差別在哪裡？有哪些尺寸可以選？…… 050
Q048 想把穿過的外套掛著通風，但又不想和乾淨衣物放在一起，該怎麼辦？…… 050
Q049 換季的棉被要怎麼收？多大的空間才夠放？…… 051
Q050 有沒有什麼簡單的技巧，可以讓衣物跟包包分門別類收好？…… 051
Q051 各式各樣的領帶怎麼收，設計上可以有哪些選擇？…… 052
Q052 各個大小不一的行李箱可以收在哪裡？櫃子的尺寸設計多少比較好？…… 052
Q053 小朋友的衣櫃要怎麼設計才能夠方便收納呢？…… 053
Q054 床頭櫃的樣式有哪些？基本尺寸是多少？…… 053
Q055 我想要一個梳妝檯，不知道有哪些樣式和尺寸可選擇？…… 054
Q056 化妝品高度不一，全部放在桌面上很佔空間又不好看，要怎麼設計才恰當？…… 054
Q057 如果想要收納一些飾品小物的話，我該怎麼做？…… 054
Q058 要多大的坪數或空間條件才能有一間更衣室呢？…… 055

SPACE 衛浴

Q059 浴室的浴櫃高度多高最好用？深度和寬度呢？…… 055
Q060 希望浴室的鏡子也可以收東西的話，尺寸上有什麼需要注意的嗎？…… 055

SPACE 其它空間

Q061 窗邊的觀景座還想要加上收納功能，可以怎麼做？…… 056
Q062 小孩的玩具收納與圖書希望能整合，又能配合小孩身高方便拿取而不犧牲太多空間，該怎麼設計比較恰當？…… 056
Q063 希望和室地板下也可以設計一些收納空間，大概要架高多少比較好，且深度和寬度大約多少較適當？…… 057
Q064 我家的空間滿小的，如果做夾層，樓梯下方可以怎麼利用啊？…… 057

木作櫃與系統櫃

Q065 系統櫃比起木作櫃和現成櫃，有何不同？…… 058

Q066 系統櫃可以量身訂作，和請設計師依需求製作的木作櫃有什麼差別呢？ 058
Q067 很多人都說，系統櫃比木作櫃還省錢，這是眞的嗎？ 059
Q068 常常聽到系統櫃的廠商號稱他們的材質是用V313、V20板材或是E0、E1級材質，這些數到底表示什麼意思？ 059
Q069 系統櫃和木作櫃比起來，哪一種櫃子比較耐用呢？ 060
Q070 聽說系統櫃比木作櫃較不耐重，有什麼方式可以檢驗，以免買到不耐用的櫃子？ 060
Q071 系統櫃和木作櫃相較，系統櫃眞的有比較環保嗎？ 061
Q072 許多廠商據稱系統櫃具有防火耐燃的優點，應如何簡單測試？ 061
Q073 系統櫃和木作櫃的進場時間有何不同？分別需要注意掌控的施工進度是什麼？ 062
Q074 一般都說系統櫃的樣式變化少，這是眞的嗎？ 062
Q075 我家大概只有15坪，格局又不方正，請問小坪數與畸零空間可以使用系統櫃嗎？該如何運用？ 063
Q076 局部更換木作櫃和系統櫃的話，在價格和作法上有何差別？ 063
Q077 什麼時候會比較建議使用系統櫃，亦或是建議使用木作櫃呢？ 064
Q078 大家都說系統櫃可以帶著走，如果要將系統櫃搬到新屋，在拆除和組裝上需要另外支付費用嗎？ 064
Q079 系統櫃是不是只適合現代風格？如果想要設計具有鄉村風格特色的櫃子嗎？ 065
Q080 之前做了一個系統衣櫃，但抽屜比原來量的減少了4公分左右，系統櫃的尺寸要怎麼計算才是正確的？ 065
Q081 爲什麼新做好的木作櫃抽屜密合度會較差，而且五金價格又偏高？ 065

收納櫃的材質應用

Q082 家裡用的櫃子是合板做的，但才一年多就不堪使用，有什麼好的板材比較耐久？ 066
Q083 除了一般常見的板材，還有沒有其他選擇呢？ 066
Q084 很喜歡實木的質感，但因爲氣候潮濕，櫃子容易有膨皮的問題，有什麼解決的方法呢？ 067
Q085 做完櫃子後都會有股甲醛味，家裡有過敏兒和孕婦的話，材質該怎麼挑選才適當？ 067
Q086 聽說低甲醛材質雖然對人體健康，但卻容易產生蛀蟲問題，是眞的嗎？ 067
Q087 衛浴的濕氣比較重，有推薦的浴櫃門片材質嗎？ 068
Q088 廚房常有油煙問題，櫃子要用什麼材質比較好清理？ 068
Q089 想要規劃一個大書櫃，哪種材質的耐重和耐用性會比較好？ 068
Q090 木材質的紋路這麼多，有什麼不一樣？ 069
Q091 櫃子經過日照西曬後，容易有褪色現象，有什麼方法可以補救嗎？ 069
Q092 同樣都是木貼皮，深色和淺色有什麼不一樣？ 069

門片的造型與變化

Q093 門板種類的選擇有哪些？不同材質的門板有什麼特色和優缺點呢？請比較一下。 070
Q094 聽說美耐板除了素色還有很多樣式可以選，這是眞的嗎？ 071
Q095 有聽過「烤漆」跟「噴漆」，但它們差別在哪裡？ 072
Q096 想在櫃子門片上裝設鏡子或是玻璃的話，可以怎麼做？ 072
Q097 如果想在櫃子門片上用「鐵件」？有哪些變化的方式？ 073
Q098 希望可以讓櫃子有更多花樣圖案，有什麼好方法嗎？ 073
Q099 想讓門片兼作塗鴉牆，可以怎麼做？ 074
Q100 想要在櫃門嘗試一些「拼貼」手法，可以有哪些設計方式？ 074

Q101 好喜歡隱藏式門片櫃子，但是又怕不好開，要怎麼設計才會方便又好開呢？……075
Q102 希望櫃子可以colorful一點，配色上有沒有什麼秘訣？……075

收納櫃的工法與價格

Q103 一般木作櫃都是如何計價？計算的範圍有哪些？……076
Q104 木作櫃的收邊方式有哪些？通常是使用哪些材質呢？……076
Q105 我想在櫃子做造型，如果想在門片加上百葉或線板，在價格上有什麼不同呢？……077
Q106 一般主機電器櫃的透氣和散熱問題？……077
Q107 鋼琴烤漆、一般烤漆和噴漆的差別在哪裡？價格上有什麼不同呢？……078
Q108 鞋櫃常常有異味，不知道透氣規劃有哪些方式？……078
Q109 櫃門軌道有哪些設計方式？價格大概差多少？……079
Q110 想利用櫃子當兩間臥房的隔間牆，什麼樣的設計方法可以達到最佳的隔音效果？……079
Q111 「側拉櫃」可以有哪些設計方式？工法和費用差多少？……080
Q112 隔間櫃好用嗎？它可以有哪些變化？……080
Q113 電視櫃有分壁掛式、旋轉式和升降式等不同機能，這些作法有何不同？價格上會差很多嗎？……081
Q114 木門表皮有沒有鋼刷處理，質感眞的差很多嗎？……081
Q115 電鍋或飲水機使用時，常會有蒸氣問題，櫃子設計要怎麼解決？……081

五金與配件

Q116 有人說，進口的五金比國產五金的品質要好，是眞的嗎？……082
Q117 廚房上櫃的下拉五金有哪些選擇？……082
Q118 在挑選五金時，有什麼判斷的基準，以免挑到不好用的五金？……083
Q119 面對廚房轉角處時，有沒有什麼五金比較適合使用？……083
Q120 衣櫃吊掛五金有哪些？什麼情況建議使用下拉式衣桿？……083
Q121 主打安全的緩衝五金這麼多，眞的每個地方都要裝嗎？還是局部空間就好？……084
Q122 新買的櫃子不到一年，抽屜竟然關不起來，是用了品質不好的滑軌嗎？……084
Q123 和門把同爲櫃門五金的「拍拍手」，究竟是什麼？……085
Q124 旋轉式的五金（如：衣櫃、鞋櫃等）眞的有比較好用嗎？……085
Q125 衣櫃滑門有時會卡卡的，沒辦法順利推動，究竟是什麼原因造成的呢？……085
Q126 有沒有一些比較有趣的創新五金可以選擇呢？……086
Q127 五金門把的選擇和組裝有沒有什麼技巧？……086
Q128 家裡的櫃子門片用久後有鬆脫的情形，是因爲鉸鍊的品質不好嗎？……086
Q129 我的蒐藏品想用打燈展示，但怕照久了會有褪色的問題，該怎麼辦才好？……087
Q130 帽子、領帶、皮帶、項鍊、耳環等飾品，要怎麼收納才能在使用時好找，平常又不會因瑣碎而顯亂呢？……087

Chapter 3 200個收納櫃設計全面解構……088
玄關篇……090
客廳篇……108
餐廚篇……142
臥房兒童房篇……170
衛浴篇……186
書房篇……202
其它篇……214

CHAPTER
01

20則不可不知的收納櫃思維

在抱怨家裡的櫥櫃、層架等收納設計不好用之前，
不妨先**檢視一下自己的收納觀念是否正確！**
也許只要小小改變、轉個彎，
這些原本覺得難用的收納設計，
馬上變得超好用，也許來個**居家局部裝修**、
或者稍微**更動一下空間的配置**，
就能解決平時擾人的收納問題。

NG 01

塌陷！櫃子層板居然出現微笑線!?

新買的現成書櫃用沒多久就發生層板凹陷的情形，是櫃子有缺陷嗎？

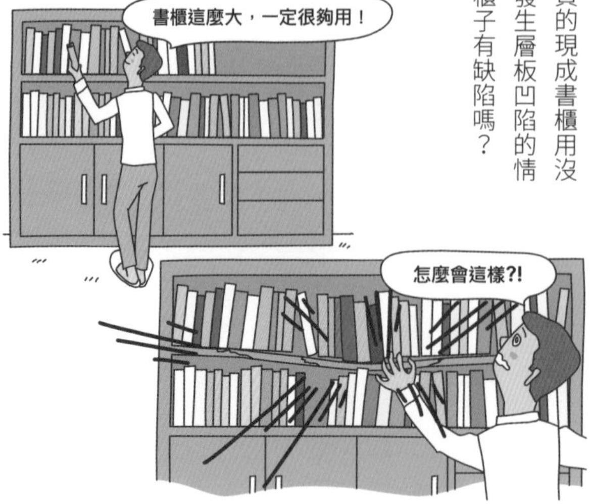
書櫃這麼大，一定很夠用！
怎麼會這樣?!

層板跨距不宜超過120公分

一般來說，書櫃層板爲了能夠支撐書籍的重量，層板厚度大多會落在4～6公分左右，層板跨距應爲90～120公分之間。若跨距超過120公分，中間應加入支撐物，才能避免出現「微笑層板」的問題。

90cm
4～6cm
這樣就沒問題了！

插畫©張小倫

NG 02 費力！櫃子門片推拉都要練臂力!?

我的雙層書櫃用了一年多，外櫃變得越來越難推，是哪裡出了問題？

為什麼會推不動？

慎選適宜的五金

由於雙層書櫃需倚賴滑軌五金移動，當書籍越放越多，重量也逐漸加重。若使用一般的滑軌，則可能因為太重而導致金屬產生變形，無法順利推動。因此，必須選用承重力佳的重型滑軌，才不容易損壞。

真輕鬆～
重型滑軌
載重200磅

插畫©張小倫

×

NG 03 卡住！櫃門太大無法全然開啟？

臥房的空間比較小，結果買了太大的衣櫃，一開門就打到床，該怎麼解決比較好？

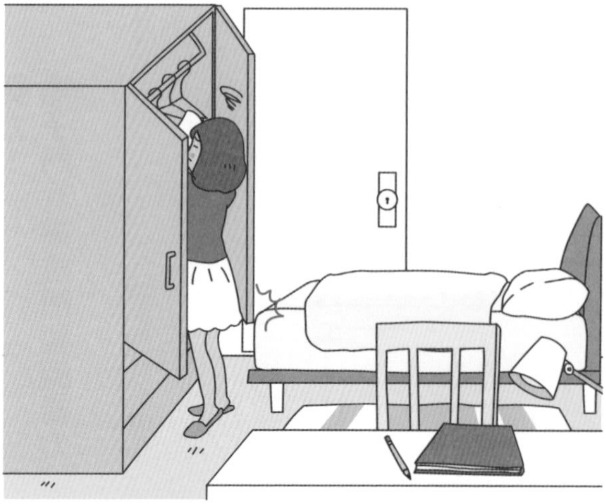

○

衣櫃和床鋪應留60公分的距離

在添購衣櫃時，應先測量擺放空間的長度和深度，並且要注意櫃子與床的距離應保持在90公分左右，人在行走時不致感到壓迫外，開啟櫃門也才不會打到床鋪。若臥房的坪數較小，櫃子和床鋪的距離應至少要有60公分，並建議選用拉門式的衣櫃，可避免門片打到床鋪的窘境。

插畫©張小倫

NG 04

失算！鞋櫃收不進較高的靴子！

當初沒計算好鞋櫃的高度，結果發現靴子放不進去，最後只好硬塞進櫃子，變得又擠又亂的，尺寸究竟該怎麼算才對？

事先測量收納物品的高度

在訂作任何收納櫃之前，要先清點自身的物品清單，再去測量各物品的長寬高，才能精準地做出符合需求的櫃子。而通常在訂製鞋櫃時，深度預留40公分即可，而高度依照每人的需求不同，應大約測量自身鞋子的高度，來評估櫃子需做多高才恰當。

插畫©張小倫

NG 05

麻煩！收納櫃太遠，懶得放進去…

我的衣服太多，大多都用折疊的方式收納比較省空間，結果設計師幫我做的衣櫃大部分都是吊掛式的設計，放不下的衣服只好收進箱子裡，一點都不合用！

依收納習慣規劃櫃內的配置

櫃子內部的設計形式除了要配合物件的大小、多寡之外，也和收納習慣息息相關。一般來說，如果習慣疊放衣物，可設計活動式層板，可隨自身的需要增添層板數量。若習慣採用吊掛的方式收納衣物，則可設計兩層的吊衣桿，擴大使用效率。不過，最大的前提是要充分了解自己的收納方式，規劃出最合用的收納櫃。

插畫©張小倫

NG 06

掉漆！少做排熱孔，電器櫃貼皮脫落…

家裡的廚櫃特別訂製可以放置電鍋、烤箱、微波爐等電器用品的地方，看起來整齊又不佔空間，但過沒半年發現櫃子外面已有脫落和膨皮現象，是什麼原因？

電器櫃應設計排熱孔

由於電器用品都會散發熱氣或水氣，若要將電器收在櫃子裡，櫃子本身必須要預留排熱孔，以及層板與櫃門之間也要預留些許空間，讓水氣和熱氣外流出去。否則櫃子內部長期處在潮濕的環境下，木製櫃板就容易發生膨皮或貼皮脫落的情形。

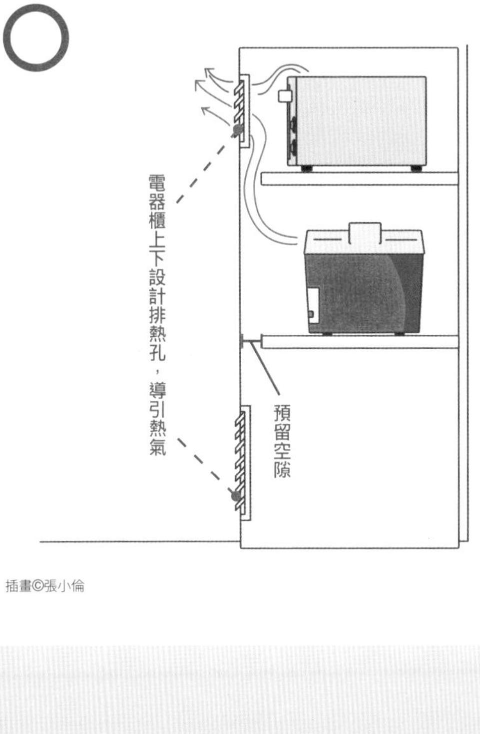

插畫©張小倫

NG 07

白搭！各式各樣收納空間，最後都沒用到…

裝潢的時候想要多點的櫃子方便收納，事後發現有些櫃子並沒有充份使用到，空間又顯得有壓迫感，該怎麼辦才好？

當初太貪心做了太多櫃子，
結果空間變得好狹窄！

審視未來的購買需求規劃櫃子數量

規劃收納櫃時，常常會有種迷思：「要做很多的櫃子，才能放得下未來會增加的物品。」但卻沒想到是否有足夠的空間和實際的需要。因此，要先審視自己現有的物品清單以及未來的購買需求，並與設計師充分溝通，規劃出最適宜的櫃體數量。

插畫©張小倫

NG 08

走鐘！櫃子用沒多久，就走樣變形甚至破損

因爲長年的濕氣，櫃子的背板竟然黏在牆壁上，最後只好報廢丟棄，是因爲選錯了櫃板的材質嗎？

....

依環境條件選擇材質

若居住的空間較潮濕，建議選櫃子時要先考慮材質特性是否適合。一般來說，木作櫃的板材可分爲木心板、美耐板等等，通常這兩種都較耐潮。木心板上下爲三公釐厚的合板，中間爲木心碎料壓製而成，具有不易變形的優點。美耐板則由牛皮紙等材質，經過含浸、烘乾、高溫高壓等加工步驟製成，具有耐火、防潮、不怕高溫的特性，通常則會貼於木心板外側。另外，導致外層脫落的原因，也有可能是因爲貼木皮或美耐板時用了不好的黏著劑，才導致從邊緣滲水剝落的情形。

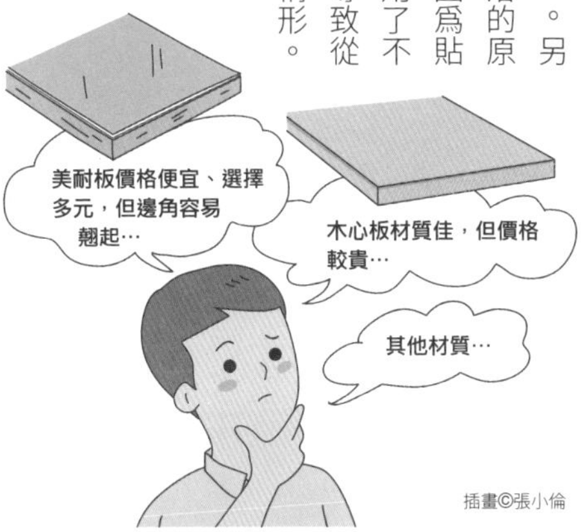
美耐板價格便宜、選擇多元，但邊角容易翹起…
木心板材質佳，但價格較貴…
其他材質…

插畫©張小倫

NG 09

剝削！木工師傅多做層板五金，也要增加費用？

做木作櫃時，臨時變更想將衣櫃的門片用鋼刷處理，內部再多加層板和抽屜，但木工師傅說還要另外加費用，真的要花這麼多錢嗎？

加做層板和抽屜數量
門片噴漆處理
要加做抽屜和門板，
費用還要再追加。

櫃子複雜度越高，價格也越高

木作櫃的價格是以尺計價，一般來說每一片層板都需要經過貼皮、上漆的過程，這是最基礎的處理方式。另外，像是鋼刷處理、鋼琴烤漆這類特殊的製作方式，必須先在工廠進行二次加工，因此價格相對會比一般的噴漆或貼皮處理還要高。因此若是櫃子的複雜度越高、越細密，價格也會因而攀升。

這樣省多了。
省 層板變少，改用吊衣桿
省 門片噴漆處理
省 不做抽屜，改用市售拉籃

插畫©張小倫

NG10

不便！櫃子太高了，平常根本搆不著！

我家是挑高的小公寓，想說把櫃子做到至頂就可以增加收納量，但最後發現櫃子太高反而不方便拿取，變得更少使用，好困擾喔！

依收納習慣建立適宜的動線

通常在做櫃子的高度時，要考慮到使用者能方便拿取，一般最順手的高度在櫃子中段處，若高度超過180公分以上，一般人就必須用椅子墊高了。如果不習慣這樣的收納方式，建議不要把櫃子做太高，可依照自己的收納習慣，客廳、廚房或是其他地方設置相對應的櫃子，找出一個對自己最合宜的收納動線。

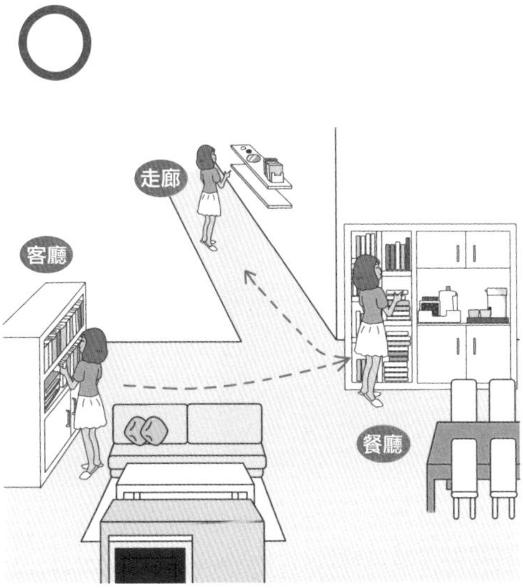

插畫©張小倫

觀念01 收納設計不只要好放，更要好拿

插畫©吳季儒

請先想一下，收納設計的用途是儲物還是爲了生活便利？如果是儲物，當然會希望量大，能堆越多越好，但換個角度想，要拿個東西必須翻箱倒櫃，才能找到想要的物品，其實一點都不方便，所以這些收起來的物品，恐怕再也不會被拿出來用了，這樣的收納設計就失去意義了。

觀念02 收納≠藏起來

接著請再思考一下，收納是把物品「歸位」，還是把物品「藏起來」，這兩者的別在哪裡？答案很簡單，歸位是依照空間條件和使用習慣而決定擺放位置，藏起來就只是把東西放到看不見的地方，並無任何功能性存在，所以收納設計不是找一個空間，把物品收起來、堆在一起就好。

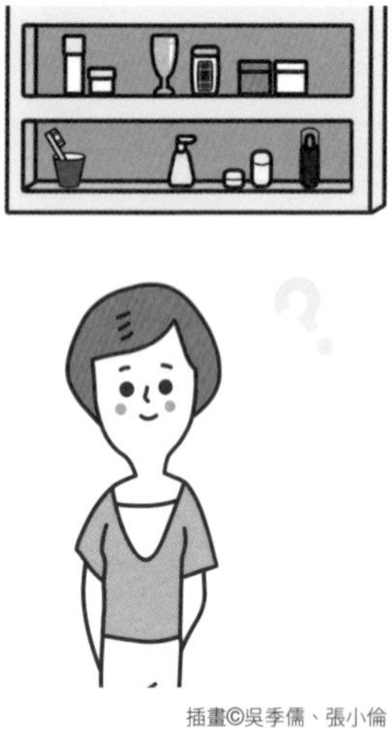
插畫©吳季儒、張小倫

觀念03 收納設計根據習慣、需求、動線量身訂作

收納設計是以生活習慣的需要爲出發點，同時也與日常生活的動線息息相關，藉由觀察、檢視的過程，規劃出貼近生活需求的設計。如果沒有將習慣、需求、動線考慮進去，做出來的設計很可能會造成根本用不到、用起來不順手，或是多走路、浪費時間的情形。所以收納並無統一標準，而是因人而異的設計。

觀念04 不勉強改變生活習慣的收納才是好設計

最好的收納設計師其實就是自己，因爲習慣、個性、身高等的不同，而有不同的拿取方式。只有自己最了解自己的坐息，物品才能依照習慣與動線擺放。收納設計必須順應自己的生活風格，千萬不要爲了收納設計而勉強改變自己的習慣，這樣使用起來會變成一種壓力。

觀念05 「常不常用＋美不美觀」決定收納方式

收納的學問並不單只是在把物品如何收起來或藏起來，而在於如何好取用也好儲放。把所有東西都藏起來，這只做到「收」，而將某些物品，如蒐藏品，自然的納入空間之中，展示出來被看到，則叫「納」，結合兩者才能稱爲收納，因此收納可分爲外露和內藏兩種形式。如何決定該外露還是內藏呢？可藉由「常不常用和美不美觀」兩個方向判斷，例如常用的眼鏡可以外露，外型不是很好看的遙控器則可內藏，因此適度的外露和內藏能讓空間表情更有生活味。

插畫©吳季儒

觀念06 機能藝術化、藝術機能化

收納設計首重實用性，再來則是在機能上兼具美觀，所以「機能藝術化、藝術機能化」可說是收納設計的最佳註解。因此收納設計不是花錢做了一大堆櫃子就算數，換句話說，不是木作多就等於收納空間多，有時候收納空間太多反而成唯一種多餘，重點在於必須要符合個人需求，才能規劃出能常用、常收的收納設計。

觀念07 物有定位讓收納更有系統

收納不是只要看不到就好，藏起來就沒事，而是要以管理的角度看待收納，必須讓物品好搜尋、好拿取，即使是收起來看不見的物品，也要隨時拿得出來，才是收納設計的重點。好的收納設計應該是讓物有所歸、各有各的定位點。

觀念08 物品尺寸、使用需求越細越好

爲什麼要測量所有收納細項的尺寸，眞的有必要嗎？答案是肯定的，當數據齊全後，所有設計都會變得非常精準，自然就能減少佔據和被浪費的空間，而多出來的空間預留給未來使用。因此在討論收納設計如何規劃之前，請務必先丈量好各項物件的尺寸，將所有物品數據化之後，再依照空間條件和人的特性進行設計。一定有人會問「我東西很多又瑣碎，但在裝修時間有限的情況下，一定要事先測量好尺寸，才能設計櫃子嗎？」建議可視物品的大小來決定，像飾品、刀叉可在櫃子完工後，再找適合尺寸的收納格放置。但像雕塑品、琉璃這類大件物品，一定要先確定尺寸後，才能製作出符合比例的收納櫃。請記得，考量得越細，做出來的收納設計才會眞的好用。

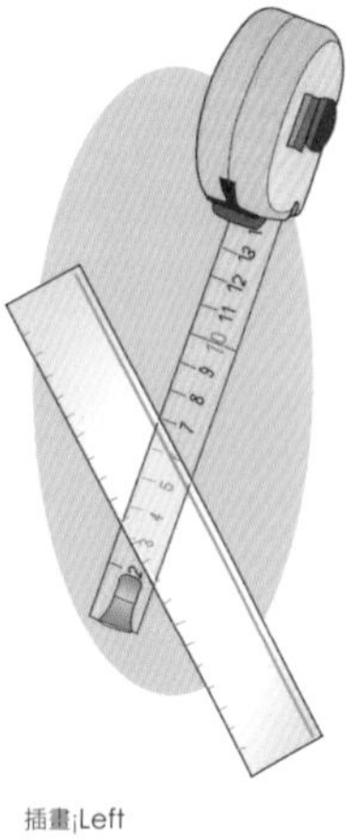

插畫¡Left

觀念09

針對家中成員思考收納需求差異性

既然收納設計是爲生活帶來便利性的設計，就絕對不是一味地製造空間給使用者，而會依著身分、性別、職業的不同，而產生不同的設計，譬如男生可能會有很多領帶要收、女生則有很多保養品瓶罐要收。所以一定需要經過溝通、了解生活習慣之後，做出好用的收納空間，收納設計才會有意義。

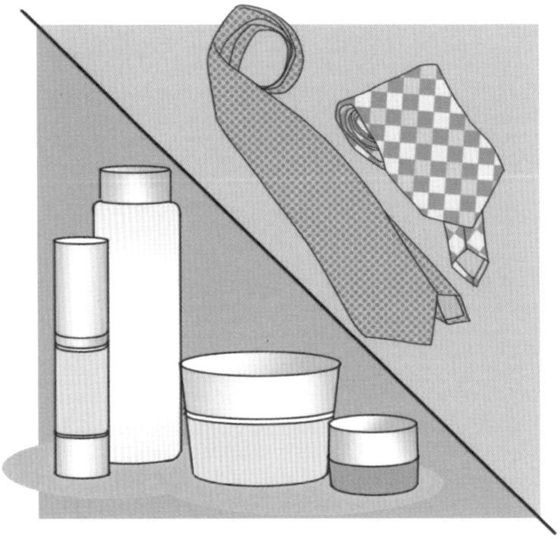

插畫¡Left

觀念10

收納前先學習捨棄和分類

收納的第一步就從「丟東西」開始吧！分類眞正會用的東西，再爲這些東西找到適合的地方放置，否則只是佔用且浪費空間，所以如何排列出優先順序，讓物品數量不超出空間負荷，是很重要的課題。建議可依循使用頻率分類，也就是將物品分爲常用的、每天用的及不常用的三大類，釐清後再進行符合人體工學拿取動線的規劃與設計，另外，未來的需求也記得要列入分類項目中，必須預先思考才能達到好拿又實用的目的。

插畫©吳季儒

CHAPTER
02

130個收納櫃困惑詳解

① 櫃體風格與形式
② 收納櫃空間、動線、尺寸
③ 木作櫃與系統櫃
④ 收納櫃的材質應用
⑤ 門片的造型與變化
⑥ 收納櫃的工法與價格
⑦ 五金與配件

Q 001 想要配合鄉村風的空間設計，櫃子的裝飾要如何搭配呢？

最初以簡化古典風格融入平民生活而形成的鄉村風格，除了常見一些簡化的線板和百葉木門之外，轉化自當時生活場景而成的木作直紋，更是此一風格的代表元素。門片處理上，這類櫃體多會運用刷白、染木的手法，並爲了更貼近風格本身陳舊、手作的生活情懷，也常見以多次上漆刮磨方式，營造仿舊感。在門片上色但會保留木紋的痕跡，同時利用鍛鐵把手或馬賽克拼接增加味道。

圖片提供©摩登雅舍室內設計

Tips 利用把手更添韻味

鄉村風格的把手通常利用陶瓷或鍛鐵門把增加韻味外，也可利用寫上名字的把手，增加質樸的手感味道。

Q 002 收納櫃應怎麼設計才能呈現現代風的韻味呢？

現代風傾向簡潔俐落的感覺，因此在設計櫃子時多呈現簡單乾淨的立面，不會在上面加上多餘的綴飾。有時會利用幾何線條構成不規則的立面處理，前衛的風格設計。把手也選擇簡約單純的造型，或是利用隱藏式把手建構出完整的乾淨立面。表面材質多選用烤漆木皮或是皮革繃面來呈現質感，也可利用玻璃、鏡面塑造出低調簡約的氛圍。

圖片提供©珥本設計

Q003 櫃子要怎麼搭配，居家空間才能有北歐風的風格？

相較於其他風格而言，北歐風的居家裝潢主要從「實用」和「功能面」爲出發，強調簡潔洗鍊的空間呈現，因此在北歐多使用機能性強、且可任意組合的系統櫃。另外，使用「展示型的收納櫃」也是北歐風住家很大的特色，現代取向的北歐風不像鄉村風有著「大量雜貨」，但對於許多必須經常拿取、使用的生活用品，他們傾向擺在方便拿取的地方，採取開放式的收納，也許是掛在牆上或是立在架上，多數時候會特別挑選顏色或花樣，就爲了在收納時也可以當作另一種空間擺飾，因此從原木簡約到活潑繽紛的色彩設計都有。

另外，也因爲居住空間高度較高，很多收納櫃體會往上方發展，主要是希望可以讓一般不太會用到的空間有更多的使用機會。

攝影©Yvonne

Q004 要怎麼設計，才能做出具有古典風格的櫃子呢？

古典風格大致可分成傳統古典、新古典和現代古典。傳統古典的櫃體多使用羅馬柱、獸角、花卉或貝殼圖案等作工繁複精細的裝飾線板呈現。而新古典則簡化了傳統古典的語彙，造型簡單但仍留有優雅的線條裝飾，多使用垂直和水平的線板堆疊。到了現代古典，則更減少了線板的堆砌，僅留下方正對稱的簡約線條，材質使用則變得更多元，利用鏡面、鍛鐵或不鏽鋼呈現低調的奢華感。

古典風格多用造型線板修飾。

圖片提供©摩登雅舍室內設計

Q005 收納櫃共有哪些類型？在使用上有什麼不同呢？

櫃子有很多不同的設計樣式，通常是依照使用頻率、美觀與否、收納習慣等去選擇。若使用頻率較高的物品，建議放在沒有門片的開放式櫃體，拿取較方便。另外，像是收藏的玩具、公仔古董或旅遊紀念品等，放在開放式櫃體則具有展示作用。而封閉的門片式櫃體，最大的優勢是可將物品通通隱藏起來，讓整體空間看起來整齊不凌亂。

（1）開放式櫃體：可分爲層架或層板兩種樣式。層板式櫃體是在牆面釘上層板，沒有其餘的支撐。層架式櫃體沒有裝設背板，多爲中空的設計。層板式和層架式櫃體都有淡化櫃體的功效，讓人不致覺得壓迫。

（2）門片式櫃體：可分成開闔門片或推拉門的型式。主要爲隱藏物品，不使空間感到凌亂，同時也防止灰塵進入。

圖片提供©珥本設計

Tips 落地式和懸掛式櫃體的差別

一般認爲頂天立地的落地式櫃體，看來較爲穩重；但懸掛式櫃體能展現更多輕盈感，雖然可能浪費了一些收納空間，卻能豐富空間表情。

Q006 想要設計一個做到天花板的書牆，容納更多的書，需要注意些什麼？

以人體工學而言，超過210公分以上的書櫃高度較不易使用，再加上需要上下爬梯的收納動線和一般人的習慣不符，因此書架做到頂並不適合拿取收納，且台灣又位於地震帶上，地震時書也容易掉落。若藏書量很多，書架置頂就有其必要性，但必須依照使用性質分類擺放，通常最上層的書籍已經屬於不用的書籍，它的不便利已經超過蹲下來的使用方式，只能當做收藏或儲物使用了，爲了因應偶爾還是會有用到的時候，不妨設計一個梯子，方便拿取過高的書籍。

而書梯的設計須注意安全性，梯子要穩才好爬、好站，所以踏階的深度也不能太淺，使用的材質可選實木或鐵件，但相對地重量重、不好搬移，因此也可考慮加上滑軌，當然五金一定要慎選，才不會不好推拉並造成危險。移動式梯子的滑軌需能承重梯子重量，並且要留意順暢度，才方便使用。

圖片提供©甘納空間設計

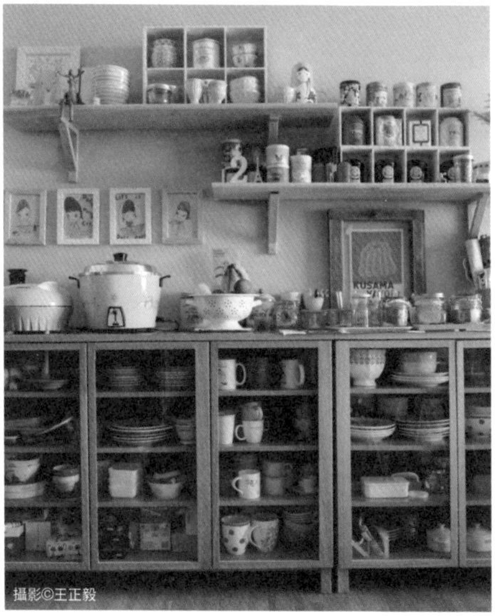
攝影©王正毅

Q007 層板上的收藏品總容易堆積灰塵，有什麼方式可以解決？

展示品可分爲收藏性和日常使用性兩大類，如果是收藏性展示品，因爲不需要經常拿進拿出，適合以封閉式的櫃子，加上能透視的門片，達到密閉卻有玻璃透視的展示效果，同時還有防塵清潔的作用。如果是日常性的展示品，例如杯盤器皿等，因爲時常會使用，建議以開放式設計便於拿取，而在拿取時也順帶產生了清潔的動作，這樣能更達到有效便利的使用。

Q008 衣櫃要怎麼設計，才會好拿好收不凌亂呢？

在決定衣櫃的收納設計之前，請先將衣物分類，可依照衣服的形式分，例如外套類、褲類、裙類、上衣類等，而不以季節分，這樣一來就可避免換季時需要大搬動的麻煩，也省下放換季衣物的空間。因此若衣服多以輕便的T恤和牛仔褲爲主，可設計多一點的層板來分層收納；若是多爲長洋裝或長大衣，則需要比較多的吊掛空間。

另外，衣物擺放的位置需考量重量與拿取便利性，最常穿的衣服放中間層，較重的褲子、裙子掛於下方，較重的毛衣類也建議放置下層的拉籃，換季才會使用的棉被則放最上層。

圖片提供©裏心設計

Q 009 我的臥房比較小，什麼樣的衣櫃設計比較不佔空間呢？

若臥房坪數較小，建議使用拉門式櫃體爲佳。開門設計的衣櫃可以帶來平整的空間表情，並因緊密度較高，減低灰塵進入衣櫃的可能性，但在規劃時，必須特別注意是否預留足夠的走道空間，提供門片開啟時使用。如果臥房空間較小，則不適合使用開門式櫃體。拉門設計雖因增加櫃板深度以做軌道設計，單價較高，但卻不需預留開門空間，相當適合深度較淺的空間使用。

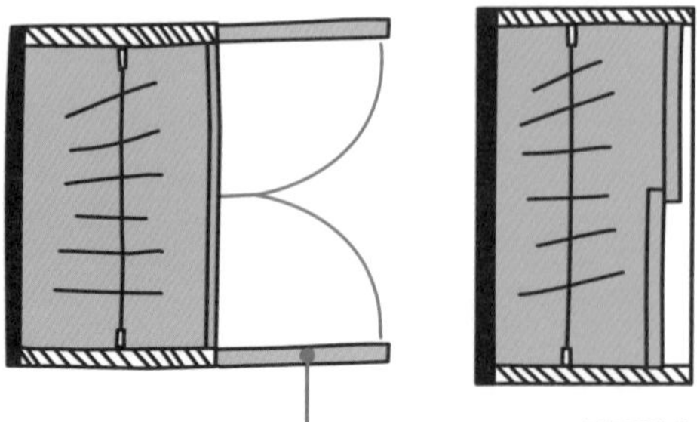

插畫©張小倫

開門式櫃體需預留門片開啟的空間。

Q 010 我家玄關較窄，如果用一般的櫃子，收納空間會很小，該怎麼解決？

若玄關處的面寬不夠，沒辦法用一般的門片式櫃體時，可考慮選用側拉式的櫃體。只要深度夠深，就算面寬稍窄一樣能收納物品。在抽拉櫃子時，通常會在上方安裝特殊的懸臂五金，才能夠將櫃子懸吊固定在軌道上。因此要特別選用承載力足夠的優質五金，否則用久會產生難以推拉的情況。

攝影©Amily

懸臂五金的承載力需足夠。

Q011 客廳的視聽櫃怎麼設計才能達到散熱又美觀的需求呢？

通常視聽櫃以木作爲主，可以在背板或側板開孔，做爲通風循環之用，而內部尺寸則需要比設備大一些，讓上下左右都有透氣及散熱的空間。若考量散熱效果，層板會比櫃子來得好，像是專門放設備的機台櫃，就可以使用開放式層架的方式設計，更利於散熱，如果擔心視聽設備沾灰塵，可設計能收進兩側的隱藏式門片，同時兼具展示與好清潔的功能。有的視聽設備本身就配有排氣扇，因此可預留透氣孔，幫助內部空氣的對流及散熱，除了透氣孔之外，也要預留線路和插座孔，爲日後會添購的設備先做好規劃。

圖片提供©摩登雅舍室內設計

Q012 電視櫃想做成嵌入式櫃體的設計，有什麼需要注意的地方嗎？

有時爲了要讓牆面看起來爲一個平整的立面，利用牆面的內凹處做成櫃體嵌入，這種櫃體多半是依據要嵌入的電器尺寸來設計，像是電視、視聽設備等。要注意的是預留的尺寸若是過小則需要重新製作。另外還要留意線槽的擺設位置是否容易拉取，以免日後更換音響設備難以拉線。

圖片提供©甘納空間設計

Q013 客廳、玄關等居家空間，在設計櫃子上有沒有需要注意的地方？

（1）玄關：玄關櫃多放置出入居家最常使用的東西，基本會設計鞋櫃、置物櫃等。鞋櫃最要注意的就是櫃內的通風問題。建議可利用櫃門設計或裝上通風設備讓空氣流通，鞋櫃內才不致有臭味。另外，穿過的大衣不想放進房間時，也可在玄關設計衣帽櫃，外出要穿時在門口直接取用更方便。而在天災頻繁的台灣，建議需預留放置急救包和手電筒的位置。

（2）客廳：主要爲視聽設備櫃和書櫃，在做視聽櫃時要記得預留電線的配置通道，以免牽電線時無法用到後方的插座。

（3）餐廳：放置取用水設備、杯類或小型電器爲主。若放電器類用品，要特別注意通風對流的的問題。另外，餐櫃也可當作小型儲藏空間，櫃子的尺寸可做深一點，放置一些較少用的居家雜物。

（4）廚房：通常放置電器、乾貨雜糧爲主。爲了美觀，在設計前會先測量電器的大小，放置時就能剛好密合，一點也不浪費空間。若沒有辦法事先知道尺寸，則預留一般通俗的尺寸即可。

（5）臥房：爲了考量到空間的便利性和收納性，通常要事先知道衣物量和屋主的使用習慣，才能做出合用的樣式。

（6）浴室：在浴室潮濕的環境中，要特別注意櫃子材質的選用。一般在浴室裡最好用耐潮的發泡板，但缺點是色彩選擇性少，因此會在發泡板外貼上木皮，增加不同的設計變化。

圖片提供©拾隅設計

鞋櫃下方懸空不但有通風功能，也可放置濕掉的鞋子晾乾。

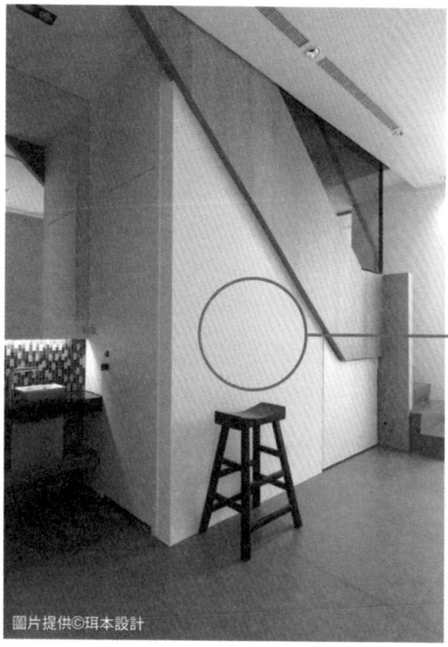

圖片提供©珥本設計

善用樓梯下方的畸零空間。

Q 014 一般來說，通常會利用哪些空間放置櫃子？

設計師一般在配置櫃子時，多利用以下空間設計：沿牆、樑下、柱體、走道和樓梯間。通常靠牆的設計是考量櫃子的穩固性，緊貼牆面較不易因地震而倒塌。在樑下和柱體設計櫃子則是可藉此隱藏樑柱的存在，修飾整個空間立面。樓梯的下方通常大約會有80～90公分寬左右的空間，主要會設計成儲藏室使用。而狹長走道的過渡動線中，兩側擺放物品會讓人忽略廊道過窄或過長。因此，有時會在走道上設計展示櫃當成端景，藉此豐富空間表情。

Q 015 我想在走道設置櫃子，但又怕空間變窄，該怎麼解決比較好？

一般若想在走道設置櫃子，至少要留90公分寬，這是讓人行走時覺得舒服不壓迫的寬度。同時櫃子可設計成層架式的展示櫃，選用輕量的材質和懸空的設計，再輔以燈光削弱櫃體的重量感，讓人不致覺得狹窄有壓迫。

Q 016 想利用樓梯間或轉角處設置收納櫃，在設計上有什麼需要注意什麼？

樓梯下的畸零空間通常約有85公分寬，因此設計師經常用來做爲儲藏室或收納大型電器的雜物櫃使用。而在斜角處的高度較低，難以收納，多放置高度低且較少使用的東西，有時也會直接封起來，讓收納空間更完整。而櫃子若放在轉角處，需避免櫃體銳角的產生，以免孩子在奔跑時撞倒。

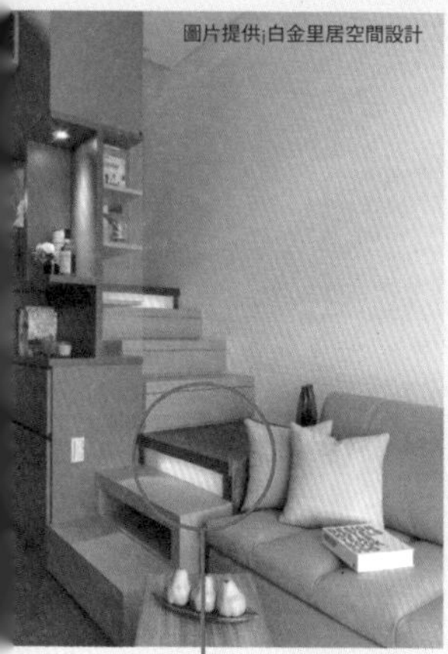

圖片提供|白金里居空間設計

斜角處的高度低，多放置不常使用的物品。

Q 017

每次只要一開大門就會打到鞋櫃，進出都不方便，要怎麼改善比較好呢？

一般在開門時，都會有所謂的門片旋轉半徑，在門片打開的範圍內都不可放置物品，以免產生撞到櫃子的情形。因此像是玄關門的寬度多為100～110公分左右，在距門口100～110公分內都不可放置鞋櫃。若將鞋櫃放置在大門正面或側面，中間需預留10～20公分，若放在門後，則櫃體要稍微往後退縮，或是加裝門擋，可預防此種情形發生。

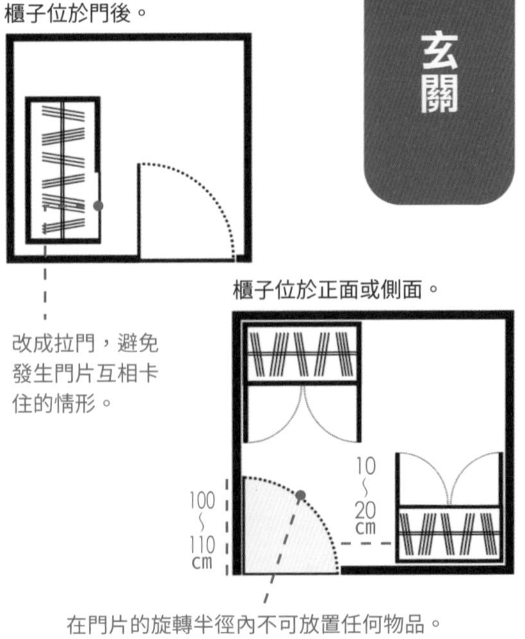
櫃子位於門後。
改成拉門，避免發生門片互相卡住的情形。
櫃子位於正面或側面。
10～20cm
100～110cm
在門片的旋轉半徑內不可放置任何物品。

Q 018

鞋櫃離玄關太遠，久而久之就懶得將鞋子放進鞋櫃裡，該怎麼改善才好呢？

通常鞋櫃的擺放位置不要離玄關門太遠，應在距離入口120～150公分的範圍內放置。若是狹長型的玄關，鞋櫃的最適位置會在大門的兩側，這樣的距離是最方便拿取的。另外，玄關處可規劃集塵區，在玄關與室內空間的交界做出2.3公分的高低落差，便於讓灰塵都集中在玄關處。

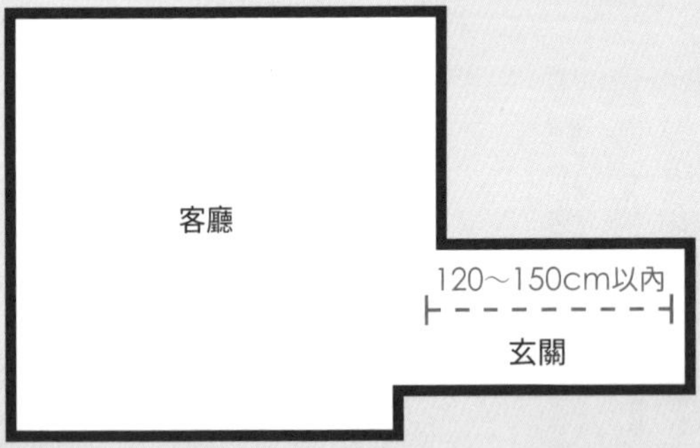
客廳
120～150cm以內
玄關

插畫©Cathy Liu

圖片提供©演拓空間設計

Q 019 鞋子大小高度不一，現成櫃子很難符合我的需求，要做多大尺寸才對呢？

一般來說，鞋櫃深度以家中鞋子長度最長的人去做考量，通常會做到基本深度40公分最佳；鞋櫃高度通常設定在15公分左右，但為了因應有高低的落差，建議在設計時，兩旁螺帽間的距離可以密一點，讓層板可依照鞋子高度調整間距，擺放時可將男女鞋分層放置，例如低跟的平底鞋或童鞋可放在12公分高的那層，高跟鞋則放在18公分高的那層，一般便鞋則放在15公分高的那層，這樣的彈性運用不但能提升鞋櫃的使用效能，也能因應未來會添購不同鞋款的可能性。

Q 020 如果想在玄關櫃加裝穿衣鏡，有什麼需要注意的地方嗎？

穿衣鏡設計必須擁有足夠深度，因此若想在玄關設計一面鏡子，建議要設計在靠近門邊（面向室內）的一側，而非靠近室內的位置，以擁有足夠的深度，確保使用者全身都照到鏡子，達到鏡面設計的目的。

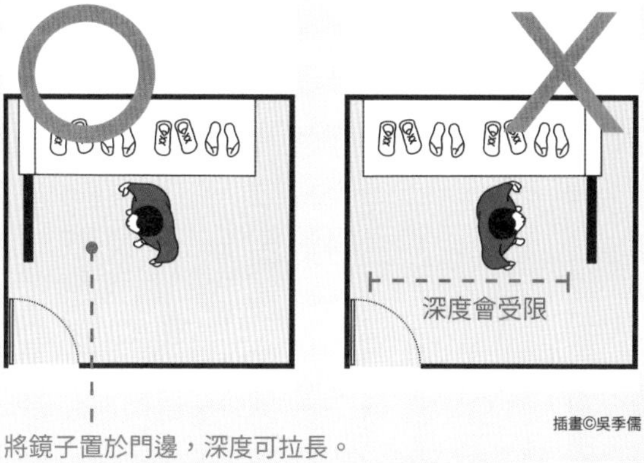

插畫©吳季儒

將鏡子置於門邊，深度可拉長。

Q 021

我習慣將鞋子放進鞋盒收納，設計鞋櫃時該如何計算尺寸？

通常設計層板跨距時，會以一雙鞋子15公分的寬度爲基準單位去規劃，例如想一排放進三雙鞋子，可設計約45～50公分寬，以免造成只能放進一隻鞋子的窘境。而鞋盒寬度多落在15～18公分左右，深度多爲45公分，因此若櫃子設計的深度不夠，鞋盒必須橫放收納，這樣則較佔空間。

攝影©Amily

Q 022

訂製的鞋櫃過沒多久就不敷使用，有什麼方法可以增加收納空間？

若鞋櫃的整體高度足夠，可利用活動式層板，增加層板數量，使收納的空間變多；但若無法增加，則可將非當季或較少穿的鞋子收進鞋盒，挪至衣櫃收納，以擴增鞋櫃的使用空間。

增加層板數量，擴大收納空間。

層板跨距可依15公分爲基準來計算。

攝影©Yvonne

Q 023 如果想放穿鞋椅，還要可以收東西，怎樣的大小比較適合？

置於玄關的穿鞋椅爲了讓使用者更好彎腰穿鞋，高度多會略低於一般沙發的40～45公分，落在38公分左右；深度則無一定限制。但如果不想浪費這個特別規劃出的使用空間，並有足夠空間的話，不妨做到40公分的深度，便於做成小型的鞋櫃使用。

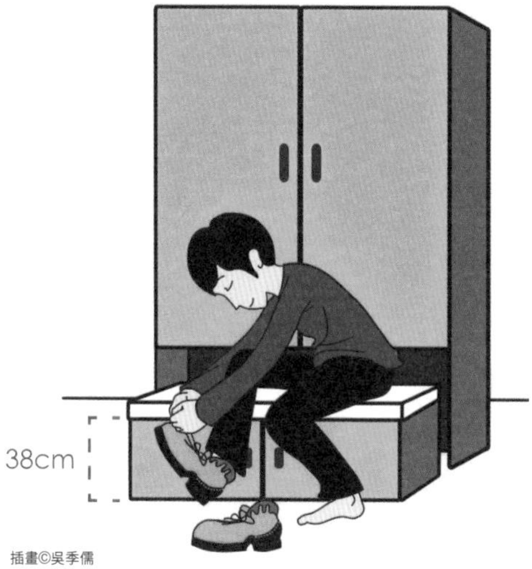

插畫©吳季儒

Q 024 若想要放雨傘，鞋櫃空間應留多少才夠？

要增添鞋櫃內的雨傘收納空間，大多有兩種方式。較爲常見的是直接在鞋櫃下方約90～100公分的高度，設計一小段衣桿作爲雨傘的吊掛空間；摺疊傘的部分，則簡單設計一小塊層板放置即可。更簡單的方式，則可以將鞋櫃做得略深一點，並直接將門片稍微後退8公分，直接在門片後方進行掛勾，做吊掛收納即可。

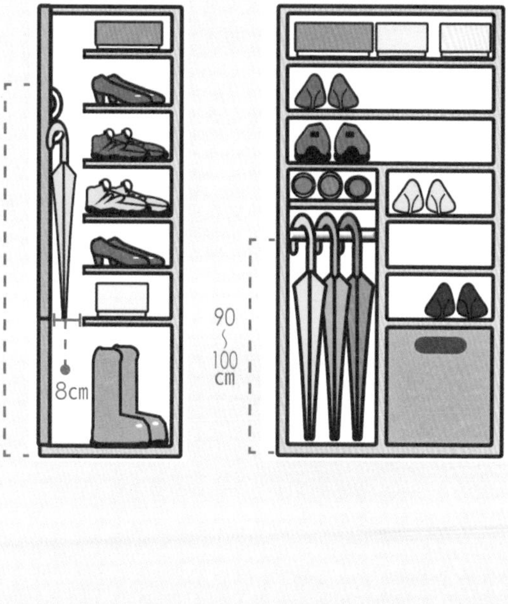

Q 025

除了收納鞋子，若還想再收外衣、外套，櫃子要怎麼設計才對？

如果想在鞋櫃旁，增加衣物吊掛空間，爲了視覺平整性，並受限空間深度，此類櫃體多會配合鞋櫃深度（40公分），衣物收納因而改爲正面吊掛方式，也使其面寬不能低於60公分，並注意絕對要與鞋櫃分隔門片，以防鞋子的臭味沾染到衣服上。

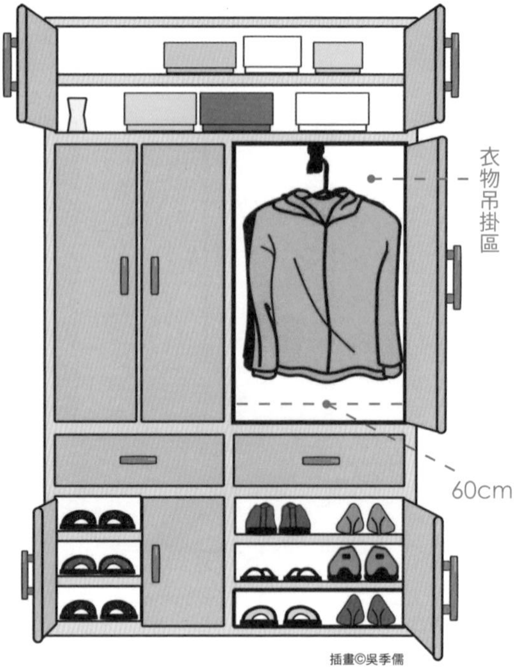

插畫©吳季儒

Q 026

想在玄關放些隨時可能用到的印章、鞋油等雜物，要怎麼設計才好拿取？

除了放鞋子外，玄關還常需要收納一些印章、鞋油等雜物，因此在鞋櫃設計上，建議可以給幾個高度較低的抽屜，作爲這些雜務的收納空間。另外，也可在鞋櫃上方設立掛衣吊桿，或規劃一小面的平台，不僅能收納信件、雜物，也具有展示的機能。

吊掛外出大衣的吊桿
攝影©Amily

SPACE 客廳

Tips 選用開放式的層架，散熱效果更佳

視聽櫃每格尺寸需要比設備大一些，讓上下左右都有透氣和散熱的空間。若考量散熱效果，層板會比櫃子來得好，像是專門放設備的機台櫃，就可以使用開放式層架的方式設計，更利於散熱。

Q027 想要整合收納DVD播放器、遊戲機等影音器材，電視櫃的大小要怎麼設計才對？

雖然市面上各類影音器材的品牌、樣式相當多元化，但器材的面寬和高卻不會因此相差太多。視聽櫃中每層的高度約為20公分，寬度多會落在60公分；深度則會為了提供器材接頭、電線轉環空間，也會達到50～60公分，再添入一些活動層板後，大多數市售的遊戲機、影音播放器等，都可收納了。

Q028 設計電視櫃時，高度要做多少才不會覺得太矮不好收？

隨著液晶電視愈做愈薄，僅需6公分厚的懸掛式電視牆，漸漸取代舊有電視櫃的功能，轉為一道簡單的層板或是結合影音器材櫃的規劃。這類櫃體高度多會建議設計離地約45公分左右，深度則以影音器材櫃的60公分為主。

約離地45cm

Q 029

我的書有高有低，如果想訂製一個書櫃，有沒有一些標準尺寸可以參考？

書櫃收納的書籍從漫畫、小說、雜誌，甚至外文精裝書都有，深度與高度也因此多了許多變化。如果沒有明確設定單一類型書籍收納的話，多會建議以「A4紙張」大小來進行規劃，即是深度35公分，並添入活動層板來增加使用的變化性。

另外，考慮到材質本身的耐重性，一般書櫃的層板寬度多爲2公分，跨距最好在90～120公分之間。若跨距超過120公分以上，應尋找適合的板材加寬厚度，至少需4～6公分左右，而中間必須加上一些額外支撐，不然就容易出現「微笑層板」的凹陷問題，縮短書櫃的使用壽命了。

空間設計©福研設計

Q 030

我想要一個雙層書櫃，可以有哪些做法？

爲空間爭取更多一層收納空間的雙層書櫃，常見以軌道設計便利書櫃移動拿書。一般來說，這類書櫃可以有頂天立地的做法，也常見「櫃中櫃」的方式，延伸後方的書櫃外框作爲軌道路徑，讓書櫃高度得以更靈活。至於兩個櫃子各自要做到多深，或是結合CD櫃和書櫃功能，則端看屋主的收納需求了。

圖片提供©摩登雅舍室內設計

利用軌道使書櫃移動順暢。

Q 031 我有一大堆的CD和DVD，不知道櫃子尺寸做多少比較好？

不論是CD或是DVD，基本深度都差不多約為11.5公分。因此在櫃子深度上，便以一張CD加上1～2公分的深度（約13.5公分）來規劃，高度上則透過一些活動層板，以便遇到一些遊戲片或特殊包裝的DVD時，可以自由地調整收納高度。

設計活動層板，便於調整高度。

Q 032 想要在客廳設計一個展示櫃＋收納櫃，尺寸大概多少會比較好用？

公共空間中，同時身兼收納和展示功能的開放式收納櫃，由於收納物品變動性較大，規劃上並沒有一定的尺寸。但是為了達到展示需求，此類櫃體的深度多不會超過45公分，若只是單純的展示櫃，甚至可做到30公分以下就好了。另外，為了方便拿取物品，建議內部層板的高度要比展示品高個4～5公分左右，若使用層板，兩側的櫃板可打洞，方便隨時變換高度。

圖片提供©摩登雅舍室內設計

Tips 以書櫃深度為基礎進行設計

如果沒有特別強調哪一類型的展示單品，不妨將櫃體深度設計在36～40公分，不會顯得太深，沒有展示時，也可作為書櫃使用，可說是一舉數得。

Q 033 想把電風扇、除濕機、吸塵器等大型家電通通收起來，只能做大型儲藏室才OK嗎？

作為一般清潔打掃或公共區域使用的家電單品，通常不建議將其收納在書房、臥房這類私人空間，而是在玄關、客餐廳間，透過一些畸零空間或連結鞋櫃、餐櫃等進行整體性櫃體規劃。想要收納吸塵器、電風扇和除濕機等較大型的家電，不一定需要一個大型的儲藏間，只要有一個深度約為60公分的櫃子，就能達到絕佳的收納功能。搭配活動層板，將下層作為大型家電、行李箱等收納，上層則可以放置一些衛生紙、備用的空紙箱等生活雜物或低使用率的配件。

插畫©吳季儒

Tips 在公共空間完成收納

作為一般清潔打掃或公共區域使用的家電單品，通常不建議將其收納在書房、臥房這類私人空間，而是在玄關、客餐廳間，透過一些畸零空間或連結鞋櫃、餐櫃等進行整體性櫃體規劃。

Q 034 家裡的酒類很多，要怎麼規劃才好，才不會看起來凌亂但又能一目瞭然？

若是紅酒類的酒瓶，多為平放收藏，需要注意的是深度不可做太淺，瓶身才能穩固放置，以免地震時容易搖晃掉落。一般來說，深度約做60公分，若想卡住瓶口處不掉落，寬度和高度約10×10公分以內即可。若收藏的酒類範圍眾多，瓶身大小不一，則適合做展示陳列。

圖片提供©拾隅設計

SPACE
餐廳＋廚房

圖片提供©IKEA

Tips 廚房動線建議

一般來說，廚房規劃會建議以「水槽→砧板→爐台」這樣的順序下去進行，會是最順手的使用動線喔！

Q035 L型廚房、一字型廚房和ㄇ字型廚房，在搭配櫃子時需要注意什麼？

L型廚房和ㄇ字型廚房的櫃體特別需要注意轉角處的收納，建議使用轉角怪獸是最有效利用空間的。另外也可使用旋轉蝴蝶盤放置鍋具，不過由於是圓形的設計，還是有一些會空間會被浪費掉。

Q036 想在流理檯上增加整排吊櫃收東西，大概要做多深才比較好用？

吊掛在空中的廚房上櫃，基本上都以輕型的杯盤、醬料和備品等小型收納爲主，加上爲了不影響下方工作區的使用，深度多只會做到45公分左右。

插畫©張小倫

Q037 一大堆鍋碗瓢盆想要收在廚檯下面的廚櫃，深度大概多少比較適合？

用來收納鍋具、沙拉盤等大型重物的廚房下櫃，爲了方便水槽、料理工作檯面使用的便利性，多會配合檯面，將深度做到60公分左右，更有抽屜和開門兩種選擇，特別的是，抽屜深度多不做到底，以最適合抽拉的50公分左右爲佳。

Q 038 怎樣的廚檯和吊櫃高度，才是適合使用的高度？

現代廚房下方的廚檯高度多落在80～90公分之間，上方吊櫃則建議與廚檯具有60～70公分高度落差，設定在離地145～155公分之間，至於上緣則是依每個人的使用需求，可選擇至不至頂。但不論哪種類型的尺寸，仍會建議依照使用者的實際身高和習慣來進行高度規劃，才能更正確符合使用需求。

插畫©張小倫

Q 039 廚房電器櫃需要多大的空間？在設計上有需要特別注意什麼呢？

微波爐、烤箱等家電，不僅外型較爲方正，尺寸落差也不大，只要注意好散熱問題，將深度和寬度設計在60公分上下，並給予約48公分以上的高度就可以了。但假如遇到像電鍋和飲水機等體積變動較大，並有蒸氣問題的家電，就建議做成抽拉盤，或是提高收納，甚至做上方開放式的設計，以降低蒸氣對板材的影響。

若沒有設置專用的電器櫃，微波爐或小烤箱一般都習慣放在廚房或餐廳的檯面上，在使用上較方便順手，建議可設置低於90公分的平台，讓其高度在檯面之下，可減低視覺的存在感。或加上上掀的櫃門，不使用時隱藏起來卽可。

圖片提供©裏心設計

爲利於散熱，電器櫃的深度和寬度建議在60公分左右爲宜。

Q 040

電器櫃裡的電器用品，有時會覺得高度太矮，拿菜的時候都不方便，應該要多高才比較順手呢？

置放於電器高櫃中的烤箱、蒸爐、微波爐等設備，擺放的高度必須考量使用者的身高，以操作方便、順暢爲重點，當採取上下堆疊配置時，請以上方電器高度爲基準，由上往下順疊。一般來說，使用頻率高、重量又重的烤箱在最下方，上放在放其他爐具。以165公分的使用者來說，眼睛平視電器顯示面板的高度約爲155公分，扣除咖啡機或蒸爐的機身高度（通常爲46公分高），順勢而下設置烤箱，是較適合的配置方式，若烤箱擺放於底櫃而非高櫃時，在人體工學可接受的範圍內，烤箱下緣距離地面最近可到30公分左右。

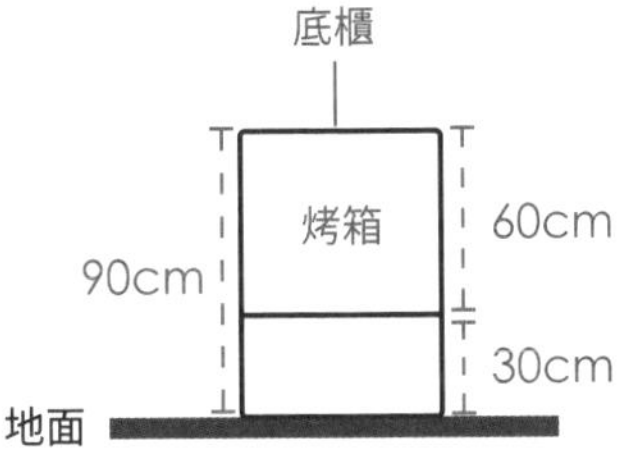

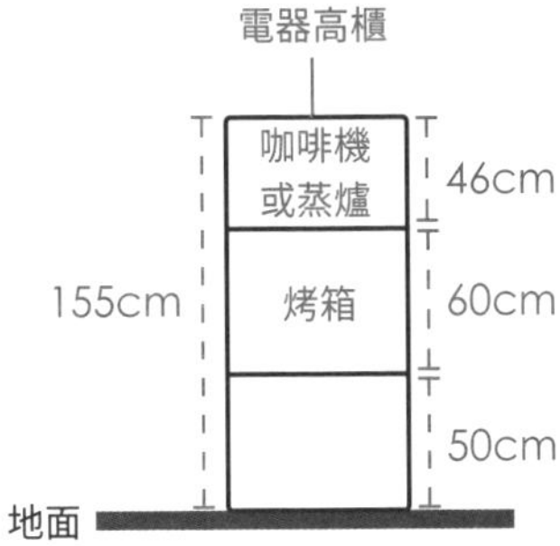

Q 041

不想把鹽巴、醬油等常用調味料放在檯面上，但放在上櫃更不順手，該怎麼辦？

攝影©Yvonne

如果是較常使用的鹽、油、調味料等，可以在瓦斯爐正下方抽屜、側邊窄櫃，或是在吊櫃下方規劃一些隱藏收納櫃，就能滿足整齊且便利使用的功能。這類型的五金規劃上，多有既定尺寸，但究竟要選擇哪種規格的五金，還是會依照使用空間進行規劃。

Q 042

我收集了各種國內外的餐碗，要怎麼收藏才不會佔空間？

隨著時代轉變，餐廳愈來愈多像是書桌、工作桌等複合式機能，讓書櫃漸漸成了餐廳櫃設計的常客。此外，結合收納的展示櫃也是常見類型之一，但不同於客廳的是，這類收納櫃的展示可以看到更多杯盤、餐具等，這時可以簡單選擇現成的廚櫃擺飾，或是設計一層深度略淺的展示櫃，並依擺放物品來決定尺寸大小。

攝影©邱如仁

Q 043

放刀叉、湯匙抽屜太大，東西混在一起要找好久，有什麼好的解決方法？

不論在餐櫃或是廚櫃，體積比較小的刀叉和湯匙，通常都會被規劃在下櫃的第一、二層，利用一些高度較低（約8～15公分）的抽屜，搭配簡易收納格分類收納，就能快速而清楚地找到所要的東西了。

攝影©江建勳

利用收納格分類，刀叉拿取更方便

SPACE

臥房＋更衣室

下方採用拉籃或抽屜，方便拿取。

圖片提供©裏心設計

Q044 一般的衣櫃會有哪些收納規劃？

一般來說，衣櫃基礎規劃多可分爲衣物吊掛空間、折疊衣物和內衣褲等的收納區域，以及行李箱、棉被、過季衣物等雜物擺放。就現代衣櫃最常見的240公分而言，若非特別需求，多以吊桿不超過190～200公分爲原則，上層的剩餘空間多用於雜物收納使用，而下層空間，則視情況採取抽屜或拉籃的設計，方便拿取低處物品。並且考慮層板耐重性，每片層板跨距則以不超過90～120公分爲標準。

Q045 我和先生的衣服樣式非常多，長度也都不同，吊掛上要怎麼設計？

一般會建議將男性和女性衣物進行適當的分類規劃，譬如衣櫃吊掛高度基本尺寸爲100公分，但如果有些洋裝或是長大衣，則需增加到120～150公分，或直接以落地方式，配合收納盒做靈活變化即可。但如果遇到男性西裝、襯衫等，介於一般T-shirt和洋裝間的大件上衣，又不想拖到層板上，則可適度降低下層抽屜高度或改爲長度略短的褲子吊掛空間（50～60公分），就能爲上層吊掛區創造高度了。

就高度而言，針對身高略矮於男性的女孩子，不一定要將衣桿做到標準高度（190～200公分），而是考慮降低衣桿，做到離地160公分，對嬌小的女性來說會是更好拿取的高度。

插畫©張小倫

Q046 每次開關衣櫃時，常常都會卡到衣服，正確深度到底是多少？

以側面吊掛式收納爲主的衣櫃，深度須模擬出一般人正面肩寬寬度，約55~58公分，因此衣櫃的深度至少需58公分，再加上門片本身的厚度約2.3公分，開門式衣櫃的總深度爲60公分、拉門式衣櫃的總深度爲65~70公分（因爲拉門多了一道門片厚度）。而在省略門片，強調開放式設計的更衣室中，則只要做到55公分的深度就好。

插畫©張小倫

Tips 依習慣改變櫃子深度

一般衣櫃深度會設計到60公分，是爲了給予吊掛衣物足夠的使用空間。一般折疊衣物的長度和寬度約在40×40公分左右，因此如果發現自己少有吊掛衣物，或是想另行規劃一個專放折疊衣物的櫃子時，不妨依使用習慣縮減櫃子的深度成單排收納，就能更清楚知道衣服位置了。

Q047 抽屜、層板樣式好多，它們差別在哪裡？有哪些尺寸可以選？

衣櫃下層常用的抽屜規劃，除了拉籃已有既定尺寸外，一般還是可以配合使用者的需求來做高度設計，常見約有16公分、24公分和32公分，分別適合收納內衣褲、T-shirt、冬裝或是毛衣等不同物件，變化性可說是相當高。

Q048 想要把穿過的外套掛著通風，但又不想和乾淨衣物放在一起，該怎麼辦？

現在愈來愈多人會希望在臥房增加一處吊掛穿過的大衣或外套的空間，此類櫃體多會採取開放式的方式進行，且吊桿寬度可放4~5件衣服即可，或是可增加層板放置衣物和牛仔褲。假使想有更多區隔的話，則建議藉由紗網等透氣材質進行規劃。

圖片提供©杰瑪室內設計

可用無門片的櫃體放置未洗衣物。

Q 049 冬天的棉被換季時要怎麼收？多大的空間才夠放？

由於棉被收納使用率不高，大多時候還是會建議將棉被收納在衣櫃上層，將方便拿取的下方位置留給較常用的物件。但上層終究較難拿取，現在也開始有人會將棉被收納於空間下方，除了常見的床頭櫃之外，有些衣櫃也開始出現一個下掀式門板，或採取直立隔板收納。

季節變換才拿取的棉被收至上層。

Q 050 有沒有什麼簡單的技巧，可以讓衣物跟包包分門別類收好？

大多數時候，設計師會選擇另闢包款的收納區，以層板方式做開放式分格收納，讓包包分開擺放不會變形，並且開放式的設計可維持通風效果，不容易產生發霉的情形。而包款高度則透過活動層板進行變化，但如果比較不在意將包包堆疊在一起的話，也有人會選擇直接在衣櫃下方，以一只高度約50公分的大抽屜進行收納規劃，也不失是個既簡單又方便的收納方式喔！

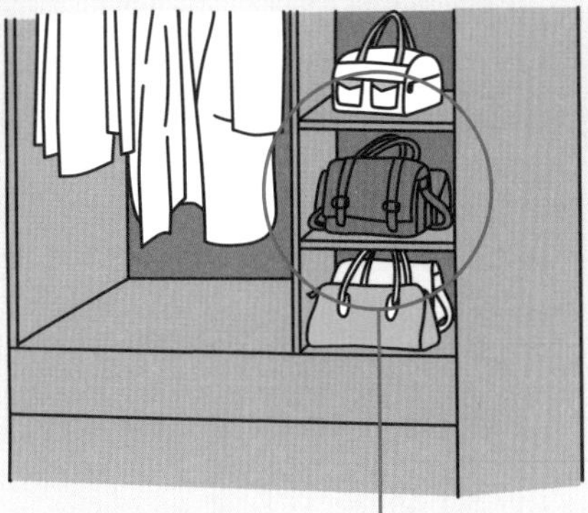
插畫©張小倫
層板開放式包包不易變形也通風。

Tips 用防塵袋包覆避免灰塵髒污

不常用或過季的包款，建議用防塵袋包好後收納，避免灰塵附著。

Q 051 各式各樣的領帶怎麼收，設計上可以有哪些選擇？

領帶收納主要可以分成「吊掛式」和「抽屜」兩種類型，前者透過現成五金或此類功能的造型衣架等，不僅較易收納且節省空間，但當領帶數量過多時，卻也較不易搜尋；後者則藉由大小分格的格子抽屜，一目瞭然地分類領帶樣式，佔用較多空間，且收納上的便利性也略低了一些。抽屜尺寸上，不論高度、深度、寬度都約爲10公分，會是較好收納領帶的大小。

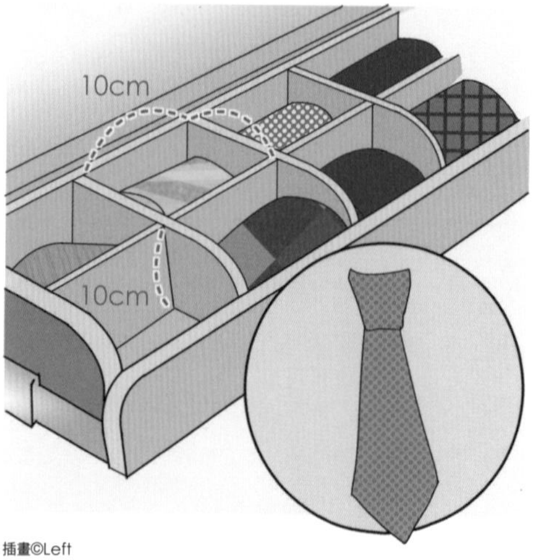

插畫©Left

Q 052 各個大小不一的行李箱可以收在哪裡？櫃子的尺寸設計多少比較好？

一般行李箱的尺寸從20吋以下的登機箱到29吋以上的都有，不僅高度從50~80、90公分不等，寬度和深度也都有所差異。因此，在行李箱的收納規劃上，還是多會依照屋主的使用頻率、物件大小和多寡，來決定應該要收納在哪個空間中。譬如一些使用機率低的中小型行李箱、登機箱，建議可以直接放在衣櫃上方就好；但若行李箱使用率高或是28、29吋以上的大型行李箱，則多建議直接放入儲藏間或衣櫃下方等便利拿取的位置。

儲藏室

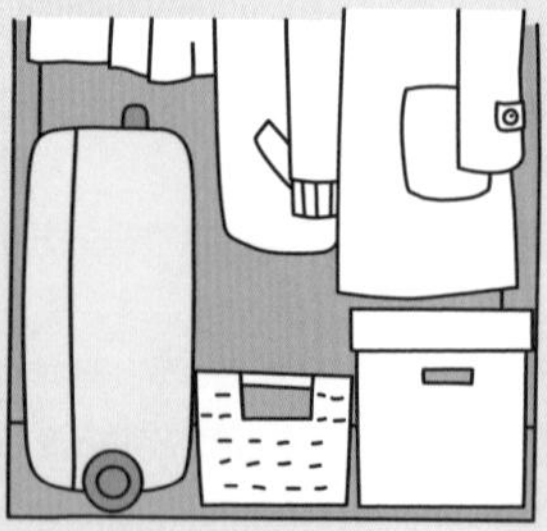
衣櫃下方

插畫©張小倫

圖片提供©摩登雅舍室內設計

Q 053 小朋友的衣櫃要怎麼設計才能夠方便收納呢？

小朋友長大的速度很快，因此並不需要爲現階段特別設計，以免長大無法延續使用，建議以一般尺寸製作即可，內部則以活動式層板或抽屜，以利未來的調整。小朋友的身高較矮，收納衣物位於下方較合適，才能方便他們自己拿取。建議可降低吊衣桿，上方可空出來收納玩具。除了常穿的衣物之外，小孩子其他衣物的取放，通常以大人代勞較多，因此適合以拿取便利的分格抽屜收納，不常用的，或是特別的衣物，則可以掛勾方式收納。

Q 054 床頭櫃的樣式有哪些？基本尺寸是多少？

常見的臥房床頭櫃主要形式有兩種，一是位於床頭兩側的邊櫃，這類櫃子通常會以現成傢具爲主，尺寸上也因人而異，並沒有一定的高度或深度；而位於床頭後方的背櫃，則常是爲了避免床頭壓樑的風水禁忌而設計的，也因此容易隨著樑柱厚度而改變櫃體深淺，最常見的尺寸有：寬160～190公分，高90～100公分。

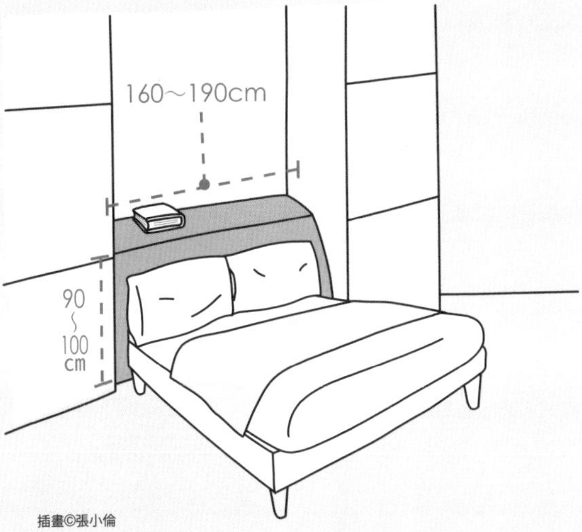

插畫©張小倫

Q 055

我想要一個梳妝檯，不知道有哪些樣式和尺寸可選擇？

作爲女性梳化一天妝容最重要的場所，爲了配合其使用高度並照出使用者的上半身，鏡面通常只會設計在離地85公分上下而已；而面對高矮不一的化妝品，更是難以找尋一定的收納原則，強制設定一個收納高度反而不好使用，不妨在化妝檯面設計一個高度15～20公分的小凹槽，就能一次解決各類高矮化妝品的收納需求了。

插畫©張小倫

Tips 白光＋黃光＝晝夜都美的化妝檯需求

白天和夜晚因爲光線條件不同，也影響了化妝的方式，因而在梳妝檯的設計上，建議可以同時將黃光和白光的燈泡都規劃在內，才能不論何時都能化出美美的妝喔！

Q 056

化妝品高度不一，全部放在桌面上很佔空間又不好看，要怎麼設計才恰當？

如果不喜歡化妝品放在桌上的凌亂感，建議可在抽屜設計分格，將化妝品通通收進抽屜裡。分格式的設計能讓每個化妝品都整齊地擺放，不但容易拿取，又能一目瞭然看到所有的物品。

圖片提供©演拓空間設計

Q 057

如果想要收納一些飾品小物的話，我該怎麼做？

一般來說，女性飾品如項鍊、手鍊、耳環等收納，多會建議與化妝品、保養品一同規劃在化妝檯，除了選擇一些現成的展示架進行擺放，若想收納在抽屜，則可以依照個人需求，進行一些簡易分格，抽屜高度大約8～12公分就可以了。

Q 058 要多大的坪數或空間條件才能有一間更衣室呢？

若想保持空間的順暢且沒有壓迫的感覺，建議更衣室最少要留1～1.5坪的空間才夠用，因此換算回來，臥房至少要有2.5～3坪才能隔出一間更衣室。一般來說，其配置的方式約可分爲兩種：

（1）一字型：臥房↓更衣室↓浴室。三個空間位於一直線上。在更衣室穿脫完畢後就能直接進入臥房或浴室，動線方便又快速。但缺點是更衣室位於浴室旁邊，衣物可能會沾染到浴室的異味。

（2）分隔式：將浴室與臥房、更衣室隔離，另闢空間，但浴室仍與臥房相鄰。這樣做最主要是希望隔離浴室和更衣室，改善一字型配置的缺點。

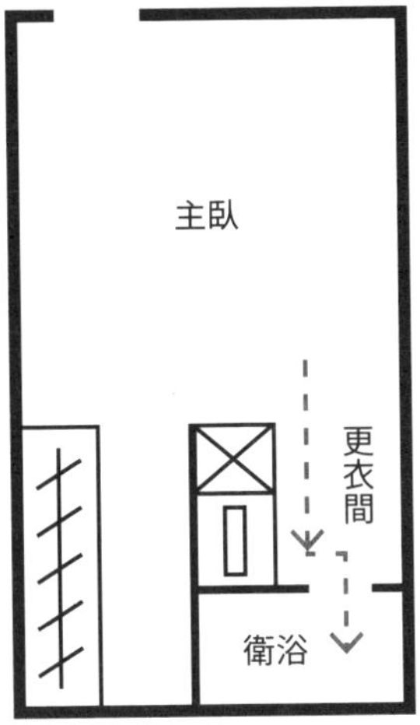

插畫©Cathy Liu

SPACE

衛浴

Q 059 浴室的浴櫃高度多高最好用？深度和寬度呢？

綜觀所有的櫃體設計，一般可作爲工作檯面的書桌、流理檯或是浴櫃檯面，多會建議設計到60公分，才是最好使用的深度。雖然如此，浴櫃終究不像流理檯、衣櫃等牽涉許多固定尺寸，到底櫃面要做到多大？還是會依照自家臉盆大小，來進行適度調整。整體高度，則約離地78公分左右。

Q 060 希望浴室的鏡子也可以收東西的話，尺寸上有什麼需要注意的嗎？

不同於化妝檯多是坐著使用，衛浴鏡櫃因爲使用時多是以站立的方式進行，鏡櫃的高度也因而隨之提升。櫃面下緣通常多落在100～110公分，櫃面深度則多設定在12～15公分左右，收納內容則以牙膏、牙刷、刮鬍刀、簡易保養品等輕小型物品收納爲主。

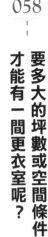

SPACE

其它空間

Q 061 我家是樓中樓式的格局，樓梯下方可以怎麼利用？

對於寸土寸金的小坪數居家，即便樓梯下方也得好好利用才行。但究竟要規劃成什麼樣子？還是端看樓梯位置和使用者需求而定。其中，最常見的就是藉由抽屜或門片設計，配合梯身形狀規劃成大型抽拉櫃或是儲物櫃，若將臥房規劃在空間下層時，也可能出現書桌、衣櫃等，甚至是冰箱或酒櫃等，也是可能的方式。（一般樓梯每階高度：18～20公分、深度則爲25公分以上。）

圖片提供©日和設計

Q 062 小孩的玩具收納與圖書希望能整合，又能配合小孩身高方便拿取而不犧牲太多空間，該怎麼設計比較恰當？

由於小孩身高的考量，爲了讓他們能方便拿取書籍，櫃體高度通常會做在75公分以下。而收納玩具可用深度夠深、放得下大小玩具的玩具箱或網籃，擺放位置則以「沒有門片的下櫃」爲主，方便盒子或籃子直接推入置放，讓小孩學習收納自己的玩具和書籍。

圖片提供©拾隅設計

開放式設計，方便小孩拿取。

Q 063 希望和室地板下也可以設計一些收納空間，大概要架高多少比較好，且深度和寬度大約多少較適當？

現代和室常會在和室桌的位置規劃一個下凹空間，不僅讓使用者坐下時，雙腳可以更舒適地放在地上，也便利平時桌面收納。因此，規劃在和室下方的收納高度，也多會配合人體工學，規劃在40～45公分之間。而寬度和深度的設計則會依收納類型、五金長度而有所限制。一般來說，和室地板的收納設計可分為「抽屜」和「上掀式」兩種收納方式，前者考慮抽軌五金的長度限制，和使用上的便利性，大多會規劃在50～60公分之間，寬度則依需求而定；後者雖看似不受五金軌道限制大小，但仍需考慮五金和地板結構的安全性與耐重性。

圖片提供©白金里居空間設計

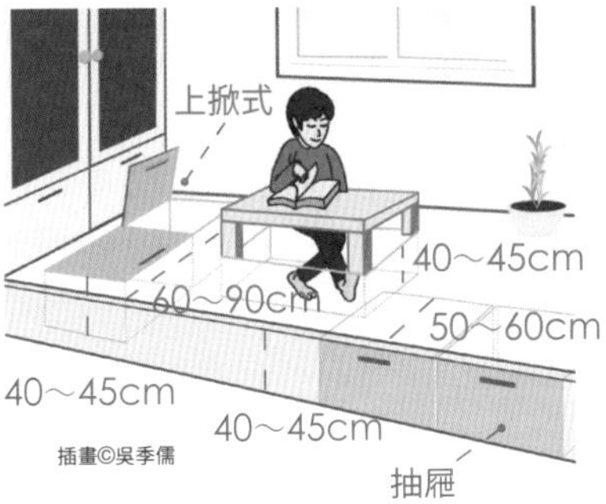

插畫©吳季儒

Q 064 窗邊的觀景座還想要加上收納功能，可以怎麼做？

在居家客廳、書房和臥房等空間，常會在窗邊規劃一些觀景台座。為了坐臥的舒適性，建議依照人體工學的角度，設計在40～45公分。寬度則可以依照需求而定，如果想讓雙腳可以更舒適地放在上面，寬度則可做到50～60公分。

插畫©吳季儒

Tips 「平行抽拉」替代「上掀層板」使用更便利

如果想在座榻旁邊設計一小塊的平台，並結合收納功能的話，可以選擇抽拉軌道替代上掀式五金，以便在需要拿取下方物品時，只要往旁輕輕一拉，不需特別清除檯面雜物就能拿取下方物品，相當方便。

Q065 聽說現在木工也可以系統化，縮短裝潢的時間，是真的嗎？

相較於傳統木工須大量人力作業，木工系統化是工班在工廠採機械、自動化程序製作。工廠運用機械裁切板材，時間從人工3~5分鐘縮短至1分鐘；在塗佈強力膠階段，也改爲機械噴槍，師傅以刮刀傳統方式塗1面膠體，約需要5~7分鐘，機械化後只需要約2分鐘完成；在壓合過程，自動壓合機製作過程也僅需約30秒即可完成，比師傅以鐵鎚人工敲擠壓合1面板材15~20分鐘快很多，也相對較省力；封邊的程序也有自動封邊機，過程約3分鐘就能完成，比過去人工封邊15分鐘，速度快了5倍之多。

對於設計公司、廠商來說，木工系統化裝修，不僅可以節省時間、提高產品的品質，還能提高整體效率。

圖片提供©拾隅設計

Q066 木工系統化比起傳統木作櫃的施作，有哪些優點呢？

木工系統化最大的改變是，將過去現場施作的程序移至工廠。工班師傅在工廠使用機器輔助，能預先在工廠完成裁切、膠合、修邊、封邊等程序，安裝工程人員在工地現場只需要組裝物件或是定位，不但省力、省時，更可以縮短安裝人員使用機械裁切的時間，也意味著，能減少噪音擾鄰的狀況，維護周邊住家的生活品質，同時也能減少工地現場瀰漫粉塵，維護現場空氣品質、工地整潔。

工廠訂製的木工書櫃，讓軟墊與櫃體尺寸更爲吻合。

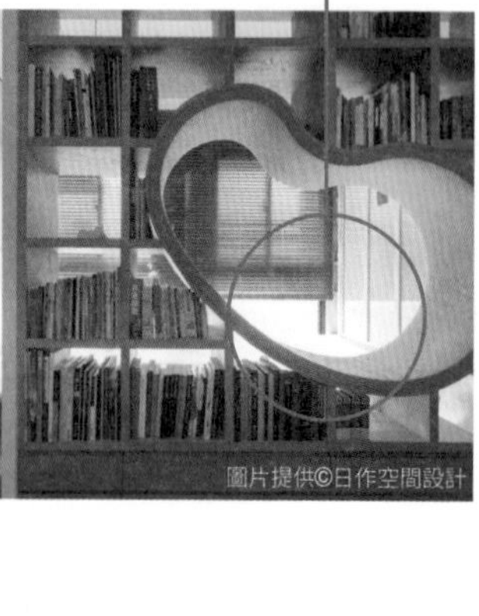
圖片提供©日作空間設計

Q 067 一般都說系統櫃的櫃體很呆板沒有變化，確實是這樣嗎？

系統板材除了花紋多樣，設計者、廠商也在塑型上加以著墨，讓板材的運用不只能做出具變化性的櫃體，還能製造出各式具象的圖案，讓板材的表現更活靈活現。透過機械裁切，製作出斜角、圓弧等造型，結合色系搭配，還能勾勒出彩虹、雲朵、貓頭鷹、貓咪…等多樣造型，達到豐富空間語彙的作用。不過，弧型板材須另外訂製，價格也會比常見的板材高。

系統板材也可以用機器裁切成斜邊造型。

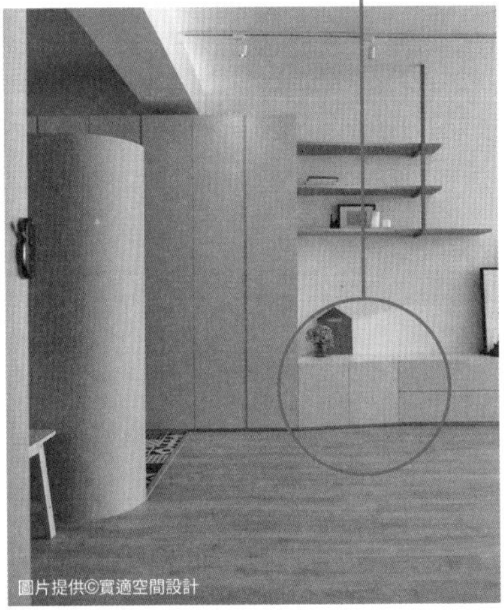

圖片提供©實適空間設計

Q 068 什麼樣的情況下，比較適合用系統櫃？

系統板材可以作爲裝飾面材，比起傳統木工方式，能省去木作、油漆等費用，所以不少預算有限的屋主，選擇以系統板材裝修。以櫃子來說，造型不要過於複雜，減少非必要性的裝飾，也不要挑選特殊色或壓紋特別深這類價格較貴的板材，把設計重點放在基本需求上，以收納和展示爲主，就能在有限預算內兼顧功能與質感。

另外一方面是，各住宅管理委員會對於裝修施工的規範也更加嚴謹，有的管委會逢週末、例假日皆不能施工，平日的施作時間也有一定規範，一旦工期延長，費用也連帶提高。系統板材可先在工廠加工、組裝，再進入裝潢現場，以一個房間衣櫃來估算，木工通常需要費時4～5天，使用系統板材大約一天即可完成，施工時間僅有木作的1／4，比較不用擔心超時施工的狀況發生，觸犯到大樓管委會的規定。

圖片提供©實適空間設計

Q069 木工系統化跟傳統木工施作的櫃體費用相比，會比較便宜嗎？

木作向來是花費較高且佔比較高的工程，相較於傳統木工須大量人力作業，木工系統化爲工班於工廠採機械、自動化程序製作，能快速、省力地裁切板材。對裝修屋主來說，木工系統化裝修雖然並非完全等於省錢，因爲裝修費用須視板材等級、造型難易等而定，但是以提前在工廠完成部分程序來看，屋主確實能省去不少「以天計算」工資的工班人力成本。

圖片提供© FUGE馥閣設計集團

以傳統木工施作，將櫃子、書桌、拉門結合在一起，可彈性選擇開闔。

Q070 系統櫃的板材承重力會比木作櫃來得差嗎？

系統板材有分不同厚度，可依照設計選擇適合的板材厚度，以常見的書櫃層板爲例，當板材承重力不足時，使用時間久了會因書籍或物品重量，導致下垂彎曲甚至斷裂，因此在設計之初應將書櫃跨距、深度及板材厚度、結構一併考量，以避免變形。如果是書櫃的話，跨距極限大約在60～70cm，板材厚度如果選擇18mm或25mm，再加上金屬支撐材加強結構，就能解決承重力不足的問題；再從櫃子深度來比較，同樣是寬度70cm、25cm厚的板材加鋁料，深度60cm 的結構力強度也會比30cm來得高。

書櫃跨距建議60～70公分之間，避免彎曲下垂。

圖片提供©拾隅設計

從板材剖面看到內部藥劑、黏著劑的顏色，可以做爲一項指標，通常E1級板材呈現綠色，E0級則爲藍紫色。

攝影©江建勳

Q 071 系統櫃和木作櫃相較，系統櫃真的有比較環保嗎？

一般系統櫃本身所使用的板材原料，就是利用廢木回收製成的環保材質，並搭配健康、低甲醛的處理方式製作而成；而木作櫃不僅施作過程較容易有粉塵問題，作爲主要板材的「木心板」也未如「塑合板」般強調廢材的回收製作；再加上木作需要貼皮，會大量使用到含有甲醛的接著劑，但系統傢具無須經過在現場貼皮的程序，因而在環保議題上，系統櫃確實略勝於木作櫃。

不過，爲了降低木作櫃施作過程中散逸的甲醛，出現了標榜低甲醛的黏著劑和健康合板的綠建材，依照台灣CNS2215標準，木心板依照甲醛釋出量可分爲F1、F2、F3 等級，F1≤0.3mg／L（等同於系統櫃板材的E0等級），F2≤0.5 mg／L，F3≤1.5 mg／L（等同於系統櫃板材的E1等級），也讓木作櫃脫離以往不夠環保的印象了。

Q 072 聽說畸零空間不能使用系統櫃，這是真的嗎？

系統櫃雖然已系統化，但仍可依空間做變化，其中小坪數空間可利用五金強化收納功能，畸零空間則除了要避免弧面造型外，其餘皆可以系統櫃完成。但如果像是八角窗，因爲有特殊角度需要修改，建議還是使用木作爲佳。

圖片提供©拾隅設計

Q 073 系統櫃的訂製流程大概是包括哪些？

1.門市參觀：前往門市參觀實品環境擺設，並透過居家顧問或系統規劃師介紹各種款式與風格的系統傢具，以及板材、五金的功能。

2.丈量服務：自行丈量或由設計師至府上進行丈量服務，實際了解居家整體空間和動線狀況，就環境、使用需求、預算等做更進一步的了解。

3.設計討論：與門市專家或設計師針對所需的生活需求做適合空間的系統傢具配置設計圖，並再做設計上的細部解析。

4.簽訂合約：圖面溝通討論確定後，並解說合約及保固條款、施工流程、匯款方式等，再次確認後進行簽約和收取訂金。

5.確認圖面：再次確認設計圖面是否符合需求，就細節處再做修改與調整。

6.下單製造：在與業主簽約、確認圖面後，便準備下單，工廠備料、製造、出貨。

7.施作安裝：與業主約好時間，安排專業安裝師父前往家中組裝。

8.完工驗收：安裝完成後，再次與業主確認產品項目與品質。

圖面溝通討論確定後，並解說合約及保固條款、施工流程、 匯款方式等，再次確認後進行簽約和收取訂金。

圖片提供©實適空間設計

Q 074 常常聽到系統櫃廠商提到板材是E1級或是V313，這些數字代表什麼？該怎麼判斷比較安心？

系統板材甲醛含量低，且多符合相關規範。目前台灣大多進口經歐盟標章認定甲醛含量較低的E1級或趨近於零的E0 級歐洲板材，或是符合國家CNS 標準的F1、F2 等級的健康綠建材，不過由於各國的規範標準不同，建議可請廠商出示台灣SGS 的板材檢驗證明，購買時會更安心。

Q 075 系統櫃廠商這麼多，該怎麼挑選才好呢？

系統傢具廠商大致上可分爲大眾品牌、工廠直營以及設計師這三大類，每一種有其優缺點，應先仔細了解、評估，並與此同時做詢價，之後再決定選擇適合自己的廠商合作。以下針對三大類型說明優點。

大眾品牌多半已經營一段時間，門市有營業員、設計師駐點，提供專業知識性服務。品牌提供產品品質穩定，也有固定施工團隊，施工具專業水準。此外，服務部分也較完善，當消費者使用上有任何問題，都可前往門市尋求協助，甚至在保固期與售後服務方面也落實得較爲確實。

系統傢具設計的廠商由於擁有室內設計經驗，在構思系統傢具圖面時，更能將居家空間、生活需求完整地做設計評估，甚至將一些細節，如：特殊尺寸需求等處納入規劃中，讓系統傢具更貼近人性需求與滿足使用。

工廠直營的系統傢具廠商沒有獨立店面，也不需要負擔相關門市店員成本，故在費用上回饋給消費者，多半費用會比較低一點。

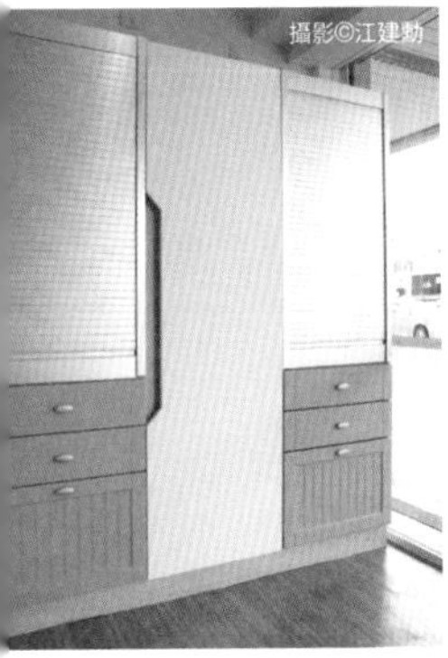
攝影©江建勳

Q 076 局部更換木作櫃和系統櫃的話，作法上有何差別？

攝影©江建勳

系統櫃是靠一片片板材拼接而成，假設一排衣櫃是由三個獨立系統櫃組合，拆卸時只是移動板材，並不會影響櫃子的結構，因此可局部拆卸，高櫃也能變矮櫃，變換性較大。

而木作櫃通常會用木板釘出一個框架，再隔出三個櫃子，因此若要拆掉某一邊，支撐力就會改變，另一邊也必須跟著拆，最後幾乎重新做一個新櫃子了，若是木作貼皮的衣櫃，想要局部拆除還必須先將貼皮全部磨掉，再重新上色，耗費的工資可能比原本貴，所以木作局部更換並不見得划算。

圖片提供©拾隅設計

Q077 衛浴空間使用系統板材有沒有需要注意的地方？

以塑合板爲主的系統板材雖然有許多優點，也比傳統木料來得防潮，但由於板材質地仍爲木料，應避免使用在相對潮濕的環境，如浴室、洗手檯或陽台等。若想運用在浴室的話，建議選用發泡板的系統板材替代，同時也須留意，搭配板材的五金材質，最好是不會生鏽的不鏽鋼材質，較爲合適。

Q078 大家都說系統櫃可以帶著走，如果要將系統櫃搬到新屋，在拆除和組裝上需要另外支付費用嗎？

若新的空間與舊有空間的大小有出入，可請原廠商依既有的面板顏色做增減或修改卽可，由舊空間遷移至新空間最好也請原廠商的專業組裝人員來進行，以免對系統櫃的接合五金及介面造成破壞。通常拆裝費用會以公分計價，1公分約18～20元，所以拆了再裝，就等於1公分要40元，但改裝費和材料費需要另計。另外，也可請設計師統籌進行拆除，通常是以點工工錢計價，卽爲支付工人的工時費用卽可，不含搬運的話，約3500～5000元／日不等。因此若有大量的系統櫃要拆除，建議可評估兩種方式哪種較划算。

圖片提供©演拓空間設計

拆除系統櫃前應先評估費用及方式。

Q 079 許多人都說系統櫃比木作櫃還要省錢，是真的嗎？

系統板材常以「尺」爲計價單位，也會使用公分和「才」計費，視每家品牌及設計會有所不同，一般來說，以體積計算的設計，會以尺計價，如：櫃子、化妝桌；以面積計算的設計，會以才數計價，如：門板、牆板。但伸保木業總經理洪克忠提醒，運用系統板材進行裝修，估價時不能只計算板材的費用，還得要列入設計、施工、五金配件的費用，如果選擇的設計造型複雜、五金配件功能較多，除了基本需求之外，還想要營造更多美感與氛圍，那麼疊加起來的總金額也有可能比木作更高，因此這些影響因素都要一併考量。但若以一樣的形狀、一樣的五金而言，櫃體內部也一樣都有木紋，木作當然會比較貴，因爲在櫃體內部要貼皮，貼皮後，還需要噴漆，工資就會花費較多。

Q 080 系統板材的花紋種類豐富，不同花紋在挑選時應該注意哪些？

以目前常用的幾種花紋來說，大面積的仿石紋要留意，板材的切割線重複率不要太高，太多切線會破壞整體的視覺美感。木紋板材在運用上可以同色系，也可以不同色系混搭，如果要選用不同色系搭配，必須特別注意顏色比例的拿捏，才不會在視覺上顯得雜亂。清水模板材則是如同水泥給人比較偏冷調性的感覺，可以搭配上溫潤的木紋板材，或紋路深刻的款式，能讓觸感更真實，空間更有溫度。

Q 081 為什麼新做好的木作櫃抽屜密合度會較差，而且五金價格又偏高？

一般來說，系統櫃與五金的配合也比木作來得佔優勢，因爲系統櫃和五金通常都有標準尺寸，所以搭配起來剛剛好match，也不需要再多花多餘費用訂製，但木工卻是需要訂作，因此價格難免較高，且尺寸上可能會有落差，密合度也就不如系統櫃了。

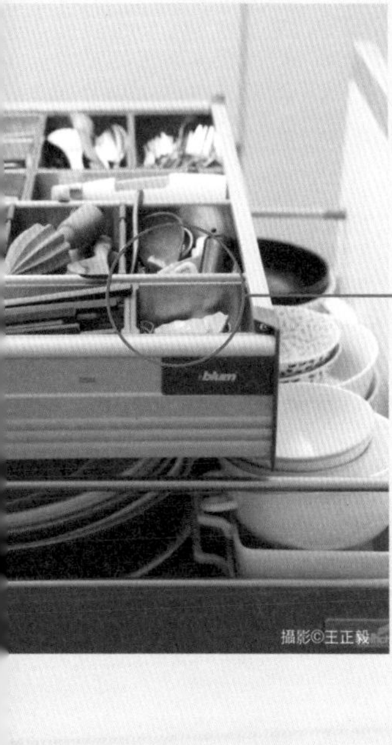

攝影©王正毅

系統櫃的五金爲標準尺寸，與櫃體的密合度高。

Q 082 家裡的櫃子是合板做的，但才一年多就不堪使用，有什麼好的板材較耐久？

一般來說，櫃體常見板材可以分爲「塑合板」、「木心板」、「密底板」和「木夾板」四種，其中「塑合板」爲系統櫃的主要板材，「木心板」則被大量使用在木作櫃的設計中；壓製過程常會添入一些花樣浮雕的「密底板」，則常見於系統櫃的造型門板，如鄉村風線板等設計；而「木夾板」（又稱合板）則是以數層木薄片壓製而成，木材組織結構完整，耐重性也較佳，有時也會在只上了保護漆後，就直接作爲櫃體材質使用了。木心板和木夾板的結構較完整，因此比塑合板和密底板的耐久度高且較耐潮。

攝影©Amily

Q 083 除了一般常見的板材，還有沒有其他選擇呢？

圖片提供©禦心設計

過往多用於櫃體收邊或造型裝飾的鐵件，因爲其輕薄而堅固的特性，不僅能突破層板跨距的限制，並能爲空間帶來輕盈效果，雖然單價較高，但也逐漸成爲居家櫃體常見的材質之一。在科技快速進步的現代，櫃體材質也逐漸打破既定規則，出現愈來愈多的實驗性材質或創新的可能性。譬如以廢物再利用爲概念，傳遞環保創新互動的瓦楞紙書櫃；或是強調無接縫、可以一體成形形塑各類造型的ＦＲＰ（玻璃纖維強化塑膠）等，只是目前仍少見於居家設計中。

Q084——很喜歡實木的質感，但因為氣候潮濕，櫃子容易有膨皮的問題，有解決的方法呢？

以一整塊木頭來進行櫃體製作的實木，是許多人愛好的材質之一，尤其有自然香氣的實木（如：檜木），更讓人愛不釋手，但對於氣候比較潮濕的台灣而言，這類材質較不易保養，有時甚至容易產生變形的問題，加上實木價格因材料取得不易而偏高，因而建議依照風格，適量使用就好了。若要避免此種情形，應該要利用除濕設備加以輔助。

圖片提供©權釋國際設計

Q085——做完櫃子後都會有股甲醛味，家裡有過敏兒和孕婦的話，材質該怎麼挑選才適當？

一般來說，甲醛味的產生大多是從黏貼木皮或板材的黏著劑而來。若以系統櫃的板材來說，基本上都已經符合E1等級低甲醛的標準了，因而就板材的甲醛問題來說，並不需要太過擔心。但如果不放心的話，也可以檢查板材角落，確認是否已蓋上認證標章就可以了。

Q086——聽說低甲醛材質雖然對人體健康，但卻容易產生蛀蟲問題，是真的嗎？

一般來說，少了甲醛不僅對人體無害，也對蟲子無害，板材因而較有蛀蟲問題。面對這種情況，都會選擇直接對板材進行防蟲處理，但這類處理多只能達到板材表面防蟲而已，因此，也有人會在蛀蟲問題出現後，才以局部灌藥方式進行除蟲動作。然而若是環境的濕度沒有控制好，不論是何種板材，都有可能發生白蟻或蛀蟲的問題，因此若要避免蟲害的話，還應做好環境除濕的工作。

Q087 衛浴的濕氣比較重，有推薦的浴櫃門片材質嗎？

相較於門片板材，浴櫃更重視的是其筒身的結構，爲了預防筒身損壞後須重新規劃浴櫃的可能性，最初規劃時，就會建議選擇如發泡板等完全防水的材質來進行規劃，但門片板材部分，則會首先考慮浴櫃的規劃位置和風格，比較沒有既定規則。

浴櫃多使用防潮性佳美耐板。

Q088 廚房常有油煙問題，櫃子用什麼材質比較好清理？

一般來說，「塑合板」本身具有的防潮、抗霉、耐熱、易清潔、耐刮磨等特性，讓它較「木心板」更適合被使用在廚房的廚櫃規劃上。但不論哪一類板材，都無法完全防水，因而在檯面的選擇上，還是多會以人造石、不鏽鋼等防水材爲主，而此類設計也常見於浴櫃規劃上。

Q089 想要規劃一個大書櫃，哪種材質的耐重和耐用性會比較好？

不論系統櫃或木作櫃，其實大多有慣用材質和約略厚度，因而在規劃上，「板材間的跨距」反倒成爲更該注意的事情。一般來說，系統書櫃的板材厚度多規劃在1.8～2.5公分，而木作書櫃如果想增加櫃體耐重性的話，有時也會將層板厚度增加到約2～4公分。櫃體跨距的部分，系統櫃應在70公分內；而木作櫃的板材密度較高，可做到90公分以內，但最長不可不超過120公分，以免發生層板凹陷的問題。

Q 090 木材質的紋路這麼多，有什麼不一樣？

擷取天然木色置入居家空間的木材質，因受木種、裁切面，甚至樹木本身生長環境的不同，擁有變化多端的色澤、紋理，是它最迷人的特色之一。整體而言，看似低調的木材紋理，也會因爲不同走向，帶來不同視覺效果，如直向木紋能擴增矮小空間的視覺感，橫向木紋則放大徑深較淺的空間寬度；若想要有面搶眼主牆，藉由一些斜向木紋或是拼貼方式，就能輕鬆達到效果了。

Q 091 櫃子經過日照西曬後，容易有褪色現象，有方法可以補救嗎？

若是實木櫃的話，由於是整塊實木下去製成的，建議可刨掉上層的日曬痕跡，然後再重新上漆推油即可。若是外層爲木貼皮的木心板或是系統櫃的板材，由於不是完整的實木，則無法利用刨磨來補救，就算是重新上漆，其效果也有限。因此若要預防此種情形發生，平時應將傢具移至陽光照不到的地方爲佳。

淺色木紋較輕盈。

Tips 適當選用厚木貼皮，反而更環保

厚達0.6公分的厚木貼皮，比厚度僅有0.2公分的一般木皮，反而更有效利用整塊木皮，並以高壓接合方式替代膠水黏合，雖看似花費較多木材，實則較爲環保且健康。

Q 092 同樣都是木貼皮，深色和淺色有什麼不一樣？

就搭配而言，深色木材（如胡桃木、柚木）給人較爲沉穩、內斂之感，而淺色的木紋（如白橡木）則在展現材質本身的自然、溫潤之餘，多了更多輕盈、明亮的氛圍，兩者之間並沒有一定的風格限定或是搭配模式，而是依照使用者的需求與空間樣貌而定。

Q093 門板種類的選擇有哪些？不同的材質有什麼特色和優缺點呢？請比較一下。

門板的材質種類多樣，一般可分爲實木貼皮、美耐板、強化烤漆玻璃、鋼琴烤漆、結晶鋼琴烤漆等。以下將分別介紹不同材質的特色和呈現效果：

（1）實木貼皮：底材多爲木心材或密底板，表面再貼上實木貼皮。木素材通常能呈現溫潤厚實的質感，不過實木貼皮本身有毛細孔，容易吸附髒污，因此保養時要特別注意小心。

圖片提供©弘第HOME DELUXE

仿金屬美耐板

（2）美耐板：底材爲木心材或密底板，表面再貼上美耐板。美耐板具有防刮耐熱的優點，具有多種顏色可供挑選，目前也已有呈現金屬光澤般的美耐板，多用於廚房門片。但美耐板爲四周封邊貼成，若施做不夠細膩，容易從邊縫滲入水氣，造成翹取的情形。

（3）強化烤漆玻璃：以木心板爲底材，面材以烤漆玻璃貼附。其外觀呈現光亮的質感且硬度高，再加上表面的毛隙孔較細，不容易吃進髒污，也較容易擦洗。

圖片提供©富美家

美耐板

（4）結晶鋼琴烤漆：結晶鋼烤門板的外層爲壓克力材質製成，價格較便宜，也能呈現如鋼琴烤漆般的光亮。但結晶鋼烤硬度低，易刮傷，且表面僅有素色的選擇，不過鋼琴烤漆可做出不同的花紋。

（5）鋼琴烤漆：底材多以密底板製作，表面需經過7～10層的烤漆手續處理，外觀呈現光亮的表面，質感佳，能在小空間中具有放大的效果。具有不易掉漆，易清洗的優點，但每一批的鋼琴烤漆所呈現出的顏色不會完全一樣，如果其中一片門板刮傷，重新置換後的顏色可能會不一。

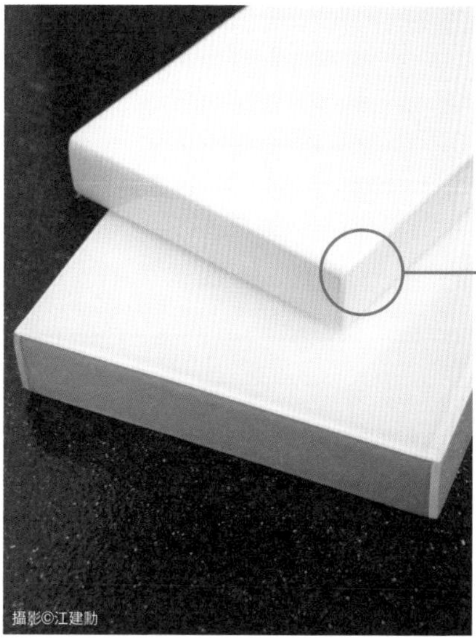

上方爲結晶鋼琴烤漆，無接縫且一體成型。

攝影©江建勳

Q094 聽說「美耐板」除了素色還有很多樣式可以選，這是真的嗎？

不只被使用在系統櫃上，美耐板耐磨、耐高溫、防潮、易清潔等優點，讓它的身影也不時會出現在木作櫃的設計中。從最初的素面色彩開始，在科技進步下，現今的美耐板已能模擬出木紋、皮革，甚至金屬質感等各類材質樣貌，選擇性可說是相當多元。

圖片提供©丰品室內設計中心

Q095 有聽過「烤漆」以及「噴漆」，但差別在哪裡？

許多人都會好奇「烤漆」和「噴漆」的差異在哪裡，簡單來說，又稱爲「冷烤漆」的「噴漆」，其實有點像是「山寨板」的鋼琴烤漆。不同於正統的鋼琴烤漆（又稱「熱烤漆」）是在工廠施作完成後，才到現場安裝；噴漆卻是木工做好櫃子後，藉由現場直接噴漆來達到類似「烤漆」的效果。噴漆的做法價格較低、施工期較短，更可依照櫃體造型做漆料的靈活性變化，但卻也有粉塵問題，導致漆面表層出現點狀顆粒，未能達到正統「烤漆」的平整與質感。

圖片提供©頑渼空間設計

門片烤漆，讓櫃體產生亮面的光澤感。

Q096 想在櫃子門片上裝設鏡子或是玻璃，可以怎麼做？

圖片提供©珥本設計

鏡面材質的門片往往具有放大空間的視覺效果。

同樣屬於亮面材質的鏡面和玻璃，能讓空間看來更具時尚感，可說是現代風格櫃門規劃中的常客之一。其中，具有反射特性的鏡面，可以爲空間帶來延伸效果，就櫃體門片而言，鏡面常見於小坪數空間，或是被作爲鞋櫃門片兼全身鏡使用；而略帶透明感的玻璃，則少了鏡面強烈的反射性，增加更多柔軟質感。除了常見的清玻、黑玻、烤玻和噴砂玻璃之外，樣式多變的玻璃，尙有藝術性極高的彩繪玻璃、裝飾藝術琉璃和夾紗玻璃等，這類材質雖未如清玻般擁有極高的穿透性，但在區隔櫃體內外空間之餘，其裝飾價值卻是極高的。

Q 097 如果想在櫃子門片上使用「鐵件」，有哪些變化的方式？

質感細緻的鐵件，因爲能勾勒出細膩而明確的線條質感，而常被用於櫃體門片的收邊設計，並可搭配簡單的仿舊處理，增加復古質感。當較爲厚重的鐵板被用於門片設計時，其能吸附磁鐵的特性，讓它多了另類的留言板功能，在與黑板漆的搭配使用下，更活潑了它的色彩樣式，因而逐漸受到歡迎，也爲居家櫃面增添更多可能性。

圖片提供©IKEA

Q 098 希望讓櫃子有更多花樣圖案，有什麼好方法嗎？

如果希望門片的圖樣有更豐富的變化性，不妨善用材質搭配，就能讓室內有不同層次變化。而一些不受風格限制的「壁布」也可以列爲選擇考量！其不僅保留壁紙樣式多元的特色，更增添防霉、防蛀、耐擦洗等好保養的特性，讓這些現成就能買到的「壁布」，不同於一般著重於「材質」本身的處理工法，而像是爲櫃門增添額外的裝飾，既簡單又能豐富空間表情。

使用壁布裝飾櫃體外觀。

圖片提供©演拓空間設計

Q 099 想讓門片兼作塗鴉牆，可以怎麼做？

如果想在家中櫃門上增添塗鴉牆的功能，多數時候可以透過「黑板漆」、「白板漆」或是「玻璃門片」等三種方式來達到這樣的效果。三者之中，「黑板漆」不論底漆或是畫筆顏色的選擇都最豐富但較易有粉塵，而「白板漆」和「玻璃」則受限本身色彩和白板筆顏色，因而選擇性較低。

圖片提供©福研設計

Tips 「磁性漆」讓我家木板也能變鐵板

爲了讓家中的黑／白板牆也能吸附磁鐵，許多人在設計這類留言板的時候，會特別選擇一些鐵板或是鋼板來進行，但有時太重卻不一定好用。因此，只要在黑／白板漆底層，先塗上一層磁性漆，雖然它的吸力還是不如鐵板好用，但還是可以吸附一些較輕薄的便條紙喔！

Q 100 想要在櫃門嘗試一些「拼貼」手法，可以有哪些設計方式？

不論是櫃門或是牆面，活潑的拼貼手法總能讓它成爲視覺焦點。在這類的門片設計上，可以選擇的方式，包含從材質、色彩、紋路、新舊、甚至是立體或平面等，變化性可說是相當多元。

圖片提供©裏心設計

圖片提供©白金里居空間設計

Q101 好喜歡隱藏式門片櫃子，但是又怕不好開，要怎麼設計才會方便又好開呢？

通常爲了整體櫃面的簡潔，有時門片不另加把手，會利用溝縫製作隱藏式把手開啟。而隱藏式把手一般至少要深2公分，手才方便伸進去開門。而依照櫃子高度和開門方向的不同，把手會設計在不同的地方。以高櫃爲例，狹長型的門片把手多設置在門片左右兩側，上櫃的把手多位於門片的下方，而下櫃的抽屜由於高度太低，不符合人體工學的範圍內，因此把手多設於容易就手的高度。

Q102 希望櫃子可以colorful一點，配色上有什麼秘訣？

如果想爲櫃子增添一些活潑色彩，最安全的做法就是以「相近色」的方式，對櫃體進行簡易的色彩搭配。但如果希望櫃子能有更多元、活潑的跳色設計，則不妨首先將櫃體的底色設定爲好搭配的白色，並選擇一面主牆，以此延伸出一、兩種不同色系、風格，就能輕鬆達到活潑空間表情的效果了。

圖片提供©IKEA

Tips 用簡單色卡，實地比一比

如果不確定自己選擇的色彩搭配起來究竟適不適合？不妨嘗試製作幾個簡易的色板或色票，以實地比較的方式來搭配，就能更準確地爲自家櫃體找出最合適的色彩了。

Q 103 一般木作櫃都是如何計價？計算的範圍有哪些？

一般木作櫃都是以「尺」計價（約等30公分）。若是以最基本的衣櫃來說，使用6分的木心板，筒身的價格約落在４５００～５５００元／尺之間。然而，影響木作櫃的價格因素包含板材厚度、材質和樣式複雜度等。厚度越厚、材質越好、樣式越複雜，價格也隨之上升，像是波麗板板材價格約３０００元，若表面貼上天然實木皮或是人工實木皮的價錢也不一樣，天然實木皮比人工的價格要高。另外，櫃子表面要做噴漆、鋼刷等處理，由於是二次加工，也要再另外加價。若櫃體超過240公分，價格也會往上加。

圖片提供©裏心設計

Q 104 木作櫃收邊方式有哪些？通常是使用哪些材質呢？

大部分木作櫃的收邊方式有上漆和木貼皮兩種。油漆塗刷的話，由於不封邊的關係，邊緣看起來較粗糙，但若喜歡質樸的手感味道，可以選擇這種方式。最常用的則爲木貼皮收邊，木貼皮可分爲塑膠皮和實木貼皮。塑膠皮表面爲印刷的圖紋，背面爲自黏貼紙，因此可自行ＤＩＹ施做。而實木貼皮的表面爲薄0.15～３mm的實木，背面爲不織布，需用強力膠或白膠黏貼。

一般的木工師傅多使用白膠黏貼，但不適合用在過於潮濕的環境，應改用強力膠較不容易受潮脫落。不過，用強力膠黏著的話，櫃體表面不能再上油漆或油性的染色劑，否則會產生化學作用而脫落。這兩種的黏著性差不多，收邊的細緻度和好壞還是要端賴木工師傅的手工和經驗。

Q105 想在櫃子做造型，如果想在門片加上百葉或線板，在價格上有什麼不同呢？

一般要做百葉門的話，以一面百葉的工錢通常落在1000～2000元／尺（不含材料）左右，而材料多用白楊木、檜木等，若再包含材料的話，價格約在6000～7000元／尺。線板可由工廠直接統一製作，依選擇的樣式不同，價格也就不一。若是直接另做特殊圖案的雕刻板，工錢則在500～1000元／尺不等。

圖片提供©摩登雅舍室內設計

Q106 一般主機電器櫃的透氣和散熱問題？

一個好的影音器材櫃，除了在規劃之初就考慮器材散熱問題外，還需要注意器材感應遙控，因而在櫃門設計上主要有三種方式：

(1) 開放式層板：此種設計為一般影音器材櫃中，最基礎的規劃方式。藉由全然開放式的層板規劃，不僅不需苦惱電器的散熱問題，更不會有遮蔽物影響遙控感應路徑。

(2) 玻璃門片搭配散熱孔：為了不遮蔽器材遙控的感應路徑，這類櫃體有時也會適度運用略帶反射性和清透感的玻璃，以進行門片規劃，但因此類材質無法散熱，常會另行增設散熱孔，或是以滑軌等方式將門片打開進行散熱。

(3) 格柵或鏤空雕花門片：同樣具有散熱功能的隔柵，在遮蔽中更帶有隱隱的穿透感，讓空間更立體，因而常被使用於主機電器櫃設計中。想讓空間更具變化性，不妨選擇木質鏤空的雕花門片。

圖片提供©摩登雅舍室內設計

開放式層板有利於電器設備散熱。

圖片提供©弘第HOME DELUXE

Q107 鋼琴烤漆、一般烤漆和噴漆的差別在哪裡？價格上有什麼不同呢？

鋼琴烤漆爲多次塗裝的上漆處理，工序至少會有10～12道以上，加上需染色、拋光打磨後，才能展現光亮的質感，因此價格高昂，一才（30公分）大約在２００～２００元之間。而一般烤漆的工序較簡單，大約3～4道，價錢則再稍低些。

而噴漆的價格會因使用不同底材而有差別。若噴在夾板上，由於表面有木紋的深淺，需先批土3次左右，使其表面平整再上噴漆；而密底板只需塡補一些表面的孔洞後上漆，因此使用夾板材質的噴漆價格會稍微高些，一般多在７０元／才左右。

Q108 鞋櫃常常有異味，不知道透氣規劃有哪些方式？

將收納一家大小鞋子的玄關鞋櫃，做好透氣規劃，絕對相當重要。一般常見的鞋櫃透氣方式有以下四種：

（1）百葉門片做大面積透氣設計：藉由透氣性絕佳的百葉門片，爲鞋櫃帶來良好通風，是鄉村風和古典風格中常見的設計手法。

（2）鞋櫃上下留通氣孔：不論是訂製的可移動式鞋櫃，或是直接設計於玄關壁面的壁掛式鞋櫃，在鞋櫃上下層板，留下一小段間隔作爲透氣孔的規劃位置，並有時會在櫃體上方多規劃一台抽風機，以增強鞋櫃透氣功能。而空出的下方地板，則可作爲臨時便鞋擺放區。

（3）透氣層板，搭配整面活性碳放置槽：在鞋櫃的最下層，給予一整面凹槽作爲活性碳的放置區，並在槽蓋上方蓋上一塊透氣層板，讓未做開孔式透氣設計的鞋櫃，以此達到除臭效果，但必須定期更換活性碳。

（4）讓門把成爲透氣設計：在鞋櫃門片把手處，以鏤空方式做透氣設計，可搭配五金做造型把手，或直接做成暗把手形式，就能既不額外花費，又達到鞋櫃透氣的效果了。

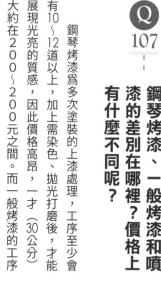

Q109 櫃門軌道有哪些設計方式？價格大概差多少？

輕巧便利的拉門，由於不需特別預留開門位置，因而被大量使用，就櫃體軌道而言，有三種不同設計方式：

（1）上軌＋下軌：在櫃體的上下方都進行軌道規劃，帶來平穩的使用經驗，是櫃體或門片軌道規劃中，最基本的設計方式。

（2）上軌（＋土地公）：爲了保持地坪表面的平整性和美觀性，在拉門軌道的設計上，多半省略位於地坪的下軌道，僅以天花中的單一軌道做支撐，雖不如上下都加軌道的方式來得平穩，但亦不影響使用機能，是公共空間常見的設計。假如想將門片位置適度固定的話，則會在櫃門路徑的底端，加上所謂「土地公」的地板五金來固定。

（3）上鉤＋下軌：如果想替櫃體做一扇拉門，卻不想將櫃子做到至頂時，可以透過一些特殊的上勾式五金軌道，將其隱藏在櫃體外框頂部的層板上，搭配下端軌道，就能達到固定效果了，這類設計則較常見於傢具設計中。

Q110 想利用櫃子當兩間臥房的隔間牆，什麼設計方法可以達到最佳的隔音效果？

由於臥房是放鬆休息的區域，如果要做隔間櫃，首要就必須解決噪音的問題。一般都利用衣櫃做爲隔間，衣櫃的深度夠，再加上衣服和內部空氣的阻隔，還有3～4公分厚的門片，能有效隔絕外面的噪音。材質部分，建議衣櫃的背板加厚，使用1.8公分厚的木心板。另外，若是想用書櫃當作臥房和書房的隔間牆，由於其隔音條件不如衣櫃有利，因此在書櫃背板的中間需加入吸音的材料，加強噪音的阻絕。

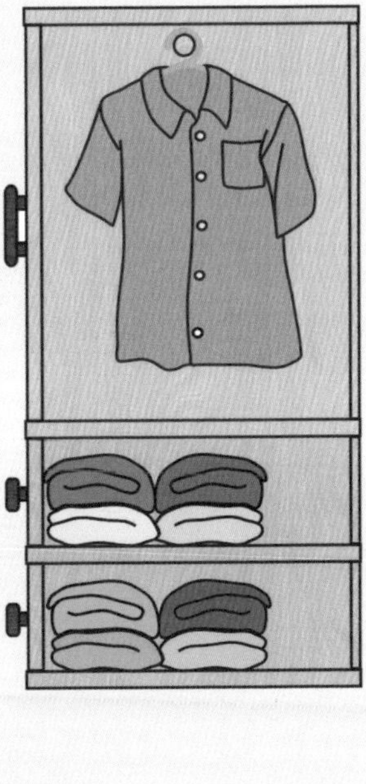

背板使用1.8cm厚的木心板。

插畫©吳季儒

Q111 「側拉櫃」有哪些設計方式？工法和費用差多少？

側拉櫃常出現在空間側面的位置，以解決空間深度太深的問題，深度多落在90公分以內。就工法而言，有鑑於如果將整個櫃子拉出會導致收、放不易，因此若非櫃體深度真的太深，多建議使用軌道替代輪軸。

（1）吊頂式：以耐重性高的吊頂式側拉五金進行設計，省略側軌道後，櫃體整體看來較爲美觀，完整性也較高，但因五金類型較特殊，單價也較高。

（2）側拉式：同樣作爲側拉式櫃體，此種設計方式雖使用的軌道數量較多，但卻只要一般五金軌道就能完成，單價因而相對便宜。

攝影©Amily

Q112 隔間櫃好用嗎？它可以有哪些變化？

圖片提供©竹工凡木設計研究室

把櫃子納入天、地、壁中思考，隔間櫃就是屬於壁面的部分，不論是作爲單邊用、雙向使用，變化性都較多。

（1）用櫃體作爲空間界定：客廳和玄關間透過未至頂的櫃體設計，作爲兩者空間的區隔，帶來類似「屏風」的效果。

（2）分層使用，豐富空間表情：在夾層空間中，如果想做一面區隔走道與內室的隔間牆，不一定都要面向同一方向，做些上下分層的設計，不僅更貼近使用性，也讓空間表情更豐富。相同地，在空間中的前後兩個房間的隔間牆，也可以適用這類設計。

（3）兩個櫃子，共構一面完整的牆：當空間深度夠的話，不妨結合不同深淺的收納機能櫃，組成一面隔間櫃；但這類櫃子因爲是做出兩個不一樣的櫃子，就單價而言，比做單面櫃子還貴些。

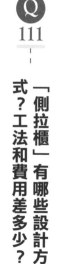

Q113 電視櫃有分壁掛式、旋轉式和升降式等不同機能，這些作法有何不同？價格上會差很多嗎？

壁掛式電視的掛架的載重力必須要足以支撐電視的重量，且牆面材質是否穩固，也關乎到五金與牆面接合的穩定度。一般人可自行購買五金DIY安裝壁掛式電視，因此價差較大，約在1000～2萬元之間（不含施工）。想在兩個空間都使用視聽設備，使用旋轉式的電視櫃是最合適的。通常此類的電視櫃最需要注意的是電線容易因旋轉而被拉扯，因此需注意旋轉的角度和結構體是否能支撐。

Q114 木門表皮有沒有鋼刷處理，質感真的差很多嗎？

爲了帶出更多木材質的觸感紋理，現在許多人會在厚木貼皮上，再搭配所謂的「鋼刷」處理，來加深木皮表面的紋路，甚至營造「仿實木」的質感。這樣的設計方式，較一般木皮和美耐板質感更好，但價格卻也高出許多，目前鋼刷最常見的材質使用是梧桐木，之後更衍伸出如科定板等新興材質。比木貼皮，和耗料貴到3成至1倍。

Q115 電鍋或飲水機使用時，常會有蒸氣問題，櫃子設計要怎麼解決？

在規劃廚房電器櫃時，最令人頭疼的就是電鍋或飲水機的蒸氣，會影響到板材的使用年限。一般來說，如果電器使用率低的話，只要規劃一個簡易的收納空間，方便使用者將電器拿到適用空間使用即可；但若電器使用頻率高的話，則有以下三種設計方式：

(1) 頂端層板採鏤空或無蓋設計：在櫃體頂端採取無蓋方式或以欄柵做開放式設計，讓蒸氣可以向上蒸發，降低對板材的影響。

(2) 加高層板間距，或貼玻璃防潮：如果不希望做無蓋式櫃體設計的話，則不防拉高層板與層板間的間隔約20公分上下，讓蒸氣先有一段散熱空間；或是在層板的上下位置，加裝防水、耐熱、易清潔的玻璃板，等到器材使用完畢後，簡單擦拭即可。

(3) 用抽拉層板替代一般層板：以抽板替代層板，方便器材使用時可以直接拉出，不僅更好使用，也能輕鬆解決蒸氣問題，是相當常見的設計。但規劃時要注意動線以免影響日常生活。

Q116 有人說，進口的五金比國產五金的品質要好，是真的嗎？

五金的品牌很多，有進口也有國產，然而進口五金就一定比較好嗎？其實不然，台灣有些五金都是外銷國外，品質亦有一定水準，不妨先了解自身的需求、預算後，再選擇使用國產或進口五金。因此在挑選前可以先自行蒐集品牌資料，大致了解一下產品信譽是否良好。

攝影 江建勳

Q117 廚房上櫃的下拉五金有哪些選擇？

爲了便利廚房的婆婆媽媽拿取上櫃的雜物，現代廚具廠商開始推出愈來愈多下拉式櫃體，有油壓式、電動式、機械式等各式種類，並具有各自特色，但是不是下拉式五金，就一定比簡單的層板收納好用？究竟又是哪一種款式比較好？還是要依廚房使用者的習慣而定。

圖片提供©弘第HOME DELUXE

Q 118 在挑選五金時，有什麼判斷的基準，以免挑到不好用的五金？

挑選五金時，需慎選產地來源之外，還可從重量判斷，因爲有些五金可能是空心的，相較之下就能分辨虛實。而五金在材質上的首選爲不鏽鋼，其次是鍍鉻，最好不要選擇以鐵加工的材質，因爲鐵的鋼性不佳，硬度和強度不一，較容易發生生鏽的狀況。

Q 119 面對廚房轉角處時，有什麼五金比較適合使用？

過去，在小空間的廚房中，如遇到L型、ㄇ字型的廚房規劃，轉角處的畸零空間總是令人頭痛不已。爲妥善利用每一塊空間，廚衛廠商陸續推出各式各樣的旋轉式拉盤，蝴蝶式、花生式的轉盤都有，就爲能妥善利用廚房空間的每個角落。因此，在規劃上也不妨選擇一個自己順手的收納配件，就能有效利用畸零空間的每個角落。

圖片提供©IKEA

Q 120 衣櫃吊掛五金有哪些？什麼情況建議使用下拉式衣桿？

所謂下拉式衣桿，爲的是方便使用者在面對高處衣物吊掛時，可以更便利使用。因此，當吊掛衣物的高度超過190公分以後，大部分的人多會將高處的掛衣桿改爲下拉式的方式進行，但是否便利使用，依舊要看使用者的身高和習慣而定。

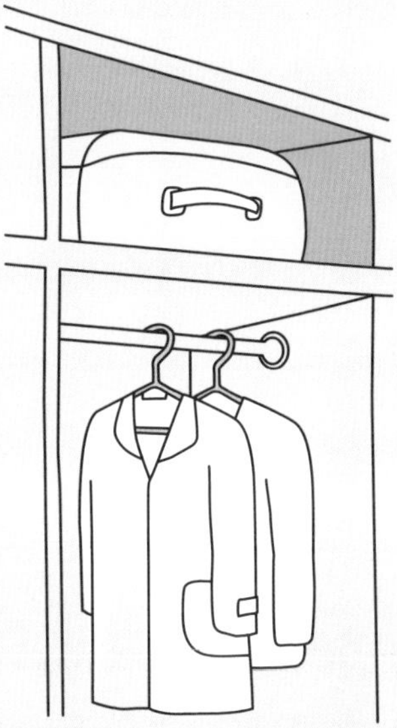
插畫©張小倫

Tips 針對櫃體高度做切合需求的收納

儘管下拉式衣桿專爲高處衣物吊掛所設計，但若無太多吊掛衣物的需要時，也可針對實際需要如行李箱、棉被、床套等置放空間，將衣櫃上方作更切合實際需要的空間變化。

圖片提供©福研設計
攝影©Yvonne

攝影©江建勳

Tips 屜中屜，讓表面看來更乾淨

隨著放置物品不同，抽屜的深度也會有所差異。但三層分隔的抽屜有時反而沒有這麼俐落好看，這時不妨增加下層屜頭的高度，將上方的小抽屜隱藏起來，不僅不影響抽屜功能，空間線條也會因此看來更加平整。

Q121 主打安全的緩衝五金這麼多，真的每個地方都要裝嗎？還是局部空間就好？

綜觀現在市面上販售的各類安全五金，單價其實都不便宜，尤其是抽屜五金，有沒有緩衝功能的價差更是相差了2000～3000元；因此除了在一些開門式櫃體，以安全式五金減低門片與櫃子的碰撞外，常見的抽屜則可以選擇三節式軌道，不僅具有緩衝效果，單價也便宜許多。

Q122 新買的櫃子不到一年，抽屜竟然關不起來，是用了品質不好的滑軌嗎？

抽屜的滑軌由於開關多次，最容易出現鬆脫不耐用的情形。建議在挑選時，若現場有展示品讓你使用，可親手試試開關櫃子的順暢度，感受五金的品質和手感。在測試櫃子抽屜時，可用點力點推拉，試試緩衝裝置是否足以承受，這樣才能測試出五金品質的好壞。另外，如果對五金的產地有疑問，也可以請店家出示相關的測試報告和證明。

攝影©江建勳

圖片提供©竹工凡木設計研究室

Q123

和門把同為櫃門五金「拍拍手」，究竟是什麼？

俗稱「拍拍手」的無把手櫃門設計，因為採取「按壓」方式來開關門片，可以不用特別預留門片開啟的位置，相當適合強調平滑表面的櫃體。但需要注意的是，在這類五金的使用上，並不建議將櫃門做得太大片，或是在同一個櫃門中設計到兩個「拍拍手」，因為這樣反而會讓人不知道要壓哪裡才好。

Q124

旋轉式的五金（如：衣櫃、鞋櫃……等）真的有比較好用嗎？

旋轉式衣櫃的特色在於可以藉由正面觀看的方式，找尋自己想要的衣物，並能解決衣櫃太深的問題。但一般來說，旋轉式衣櫃還是較佔空間，一座旋轉式衣櫃的單價（約6萬~8萬元），甚至比兩個衣櫃的單價還要高。因此，若非特別需求，一般多會以基本衣櫃的規劃為主。

Q125

衣櫃滑門有時會卡卡的，沒辦法順利推動，究竟是什麼原因造成的呢？

造成滑門卡住不順的原因有很多，可能是安裝時門板和滑軌沒有呈一直線。另外，和滑軌的負重力也有關係。滑軌主要是由軌道和金屬滾輪組成，若門板材質加上玻璃或金屬，其重量變重，用久了金屬容易變形。因此，在挑選軌道時，應算出門片整體重量，再去選擇適當的五金即可。

攝影©江建勳

Q126 有沒有一些比較有趣的創新五金可以選擇呢？

和「拍拍手」有異曲同工之妙的這個抽屜五金，擷取「拍拍手」一拍即開的使用方式，轉化到抽屜軌道設計上，讓抽屜也能保持平整表面。但是在安裝這類五金時，除了抽屜本身的深度外，還需預留約2～3公分的深度，作爲五金按壓的空間。

圖片提供©福研設計
攝影©Yvonne

Q127 五金門把的選擇和組裝有沒有什麼技巧？

造型多變的五金把手，不只是爲了讓櫃門更好開、收而已，有時甚至能爲空間帶來畫龍點睛的效果。但是一個好的五金把手，單價也相對不會太便宜，因此在選擇上，建議以局部裝飾爲主，否則一整間屋子裝設下來，金額還是相當可觀。

Q128 家裡的櫃子門片用久後有鬆脫的情形，是因為鉸鍊的品質不好嗎？

由於鉸鍊在開闔時需承載門板重量，因此門板不宜過重，才能長久使用。另外，鉸鍊能承受的開闔次數也關乎能否用得長久，通常國外進口的鉸鍊中，開闔次數可達5萬次左右，因此在挑選時可詢問商家是否有類似的測試報告以供參考。

門板鬆脫的問題除了和鉸鍊有關之外，門板材質的好壞也是其中的關鍵。一般木心板本身有分「心材」和「邊材」兩種，心材較爲硬實，邊材密度較低、材質較蓬鬆，因此門板若爲邊材製成，與鉸鍊接合面的支撐力就容易不足，因此也容易發生門板掉落的情形。

攝影©江建勳

Tips 自行更換時以手慢慢鎖緊螺絲為佳

若想自行更換鉸鍊，首先要先確認新的鉸鍊孔徑和門板的孔徑是否相同，若無法測量可直接拿取舊鉸鍊詢問商家。在鎖螺絲時，建議以手動慢慢鎖緊，若用電動起子可能會施力過大，反而造成接合處孔徑變大，門板就容易不穩。

Q 129 我的收藏品想用打燈展示，但怕照久了會有褪色的問題，該怎麼辦才好？

打燈能讓收藏品看起來更有價值，但若是高價又脆弱的收藏品，在燈光及溫濕度控制上一定要多注意。傳統金屬鹵素杯燈的溫度及紫外線較高，可能會對收藏品造成變質及褪色的傷害，如果預算許可，建議選擇LED或光纖做為光源的照明方式，櫃內也可預留供防潮棒使用的電源，以便除濕、保護收藏品不受潮。

圖片提供©IKEA

Q 130 帽子、領帶、皮帶、項鍊、耳環等飾品，要怎麼收納才能在使用時好找？

圖片提供©演拓空間設計

更衣室中常見用來放置領帶、飾品或襪子的格狀收納設計，往往放不了多少就滿了，似乎並不能解決收納問題，建議先統計好配件數量有多少之後，再以現成的格盤取代木作，或自行以隔板分格，最能符合需求。因爲木作一旦做了就很難被變動，若要做成可變化的設計，木作花費勢必會提高預算，建議可以購買現成品搭配使用來得經濟實惠，以免造成空間與金錢的浪費。

然而。常見收納配件的格子抽屜會不好用的原因，在於規劃得越精細，相對排他性也越高，不妨簡化爲T字型設計，也就是在中間隔開，將抽屜分成兩區取代一格格的方格彈性較大、可依不同需求而變化，使用起來反而不會受到既定格子的限制。

CHAPTER
03

200個收納櫃設計全面解構

想巧妙的將**畸零空間充分運用**、
想化繁爲簡讓收納暗藏玄機、
想要擁有**獨具特色的收納櫃形**、
想要將老櫃子重新打造……
當內心充滿種種想法，
卻又不知如何和設計師具體溝通，
這裡蒐羅了來自數十位設計師作品，
玄關、**客廳**、**臥房**、**餐廚**、**衛浴**至各式空間一應俱全，
200＋設計案例爲你打造最具生活感居家空間。

200個收納櫃設計全面解構──玄關篇

001 黑色中空櫃賦予新家靈魂

屋主在一趟南非開普敦之旅獲得新居改造靈感，希望爲這棟超過30年的中古老屋注入自然、熱情的原始印象，因而在入門的第一眼就安排一座黑色大型玄關櫃，既能凸顯新家精神、也是居家生活的觀景窗；同時讓開放的客、餐廳有了遮掩外，更有內外之分。而中空的櫃體設計成爲穿透視線的端景，櫃內也可取放出入時的常用物品。圖片提供©文儀設計

使用者需求◆針對原本無遮掩、開門直接見客、餐廳格局，屋主希望能有內外的區隔與緩衝。
尺寸◆寬120公分、高200公分、深 37公分。
材質◆栓木木皮噴黑。
價格◆電洽。

001

003

003 紓壓木質調，上下鏤空透氣鞋櫃

玄關空間利用木質包圍，營造自然紓壓氣息，同時也點出全室設計主調。鞋櫃採開孔門片，令內部能透氣不悶；下方兩層鏤空層板提供收納拖鞋、臨時暫放用途。側邊規劃全身鏡、門片櫃，方便出門前整理儀容，懸掛外出衣物與鑰匙、信件小物隨手安置。櫃體上不封頂，與周遭量體保持一致樑線，是保持視覺統一、不凌亂的重要關鍵。圖片提供©築樂居

使用者需求◆希望一進門就能感受溫馨氛圍、放鬆身心。
尺寸◆寬380公分、高240 公分、深60公分。
材質◆木作、白橡木實木貼皮。
價格◆NT.124,000元／組。

002 利用樑柱創造收納櫃空間

由於空間有限，設計師利用樑柱下方的空間將鞋櫃與收納櫃整合於牆面，因家中有年幼的孩童，加上櫃體與空間中的動線重疊，在安全的考量下捨棄把手，專設拍拍手，同時也讓視覺更為純粹。右側下方櫃體刻意不做門片，下方可放置常穿的便鞋，其他層則是具有機會教育意義的設計，屋主希望可以培養孩子的責任感，從「把自己的鞋子」收好做起，藉由日常的練習進行品格教育。圖片提供©時治設計

使用者需求◆對鞋櫃有收納量的需求，亦希望有空間可以放置便鞋。
尺寸◆寬162公分、高235公分、深 40公分。
材質◆霧面烤漆系統板、木紋系統板。
價格◆NT.4,800元／尺（價格僅供參考）。

002

004 宛如變形金剛的多功雙面櫃

一進門可見的簡潔收納立面，其實是串聯全室機能的高機能雙面櫃！玄關側整合全身鏡、外套吊掛、雙排鞋櫃抽板、高爾夫球袋存放與隨身雜物抽屜等功能，主要是方便進門後存放隨身物品；背面則主要供廳區使用，兼具視聽櫃與放置小冰箱、包包用途，而靠近餐桌的側抽板是飲料、小物暫放區，讓屋主與三五好友玩桌遊時不再礙手礙腳。量體上方裝飾透光鐵花窗格柵，除了照明功能、同時解決風水與落地櫃視覺壓迫問題。圖片提供©王采元工作室　櫃體設計©黃卉君/王采元工作室　攝影©汪德範

使用者需求◆由於風水與收納考量，入口需要有個玄關櫃體，能稍作遮擋。
尺寸◆寬146公分、高260公分、總深120公分。
材質◆F3波麗板、油性烤漆、不鏽鋼網門。
價格◆電洽。

004

005 取得機能與美感的收納櫃

整面式的鞋櫃可為收納爭取空間，為了不讓櫃體單調厚重，設計師在櫃體的規劃上鑲嵌鐵件櫃體，考量畫面比例、使用高度，特別與窗戶高度錯開，在機能與美感之間尋求平衡，櫃體下方空間留有25～30公分的空間，不僅便於清掃，可置放平時常穿的便鞋，亦可做為掃地機器人的置放之處。圖片提供©時治設計

使用者需求◆鞋子數量多，希望擁有收納量豐富的鞋櫃。
尺寸◆寬210公分、高230公分、深40公分。
材質◆收納展示櫃：烤漆門板、鐵件櫃（烤漆）、木工烤漆門板、鋼板。抽屜矮櫃：白橡鋼刷木皮（染色處理）。
價格◆鐵件NT.12,000元／個、水磨石美耐板NT.7,500元／尺（價格僅供參考）。

005

006

006 白玄關與黑櫃體的經典對話

以黑與白的經典配色作爲風格設計主軸，先在入門處安排滿牆的黑色玄關櫃做爲主視覺，除了將下端設計成格子櫃來擺放常穿的鞋，頂大高櫃則可提升鞋物收納容量。方正的玄關格局使黑色牆櫃與白牆形成完美對比，加上在進入客廳前的交接處特別以黑牆框景示意區隔，讓畫面有層次感，而自由擺設的綠色植栽則爲黑白空間添加生氣。圖片提供©文儀設計

使用者需求◆嚮往自由風格的居宅設計，期待藉由改造讓空間減少束縛的牆界，展現紓壓且久看不膩的場景。

尺寸◆寬180公分、高240公分、深 40公分。

材質◆栓木木皮噴黑。

價格◆電洽。

007 拉出式鞋櫃以櫃深取代面寬

爲了想讓全員需求都能規劃進18坪的住宅，無論在格局規劃或是收納設計上確實都需要更仔細斟酌，而爲了使有限的玄關裡創造出更高容量的鞋櫃，決定將鞋櫃設計成可拉出式高深櫃，搭配右側的門片鞋櫃，讓每位成員都能有足量的鞋櫃空間。同時保留給左側銜接廚房的雜貨櫃更大寬度，避免整體格局因爲鞋櫃設計而被壓縮了。圖片提供©文儀設計

使用者需求◆三位共居屋主都是成年人，對於收納的需求不低，也希望在玄關各自有大鞋櫃。
尺寸◆寬105公分、高225公分、深65公分。
材質◆栓木木皮噴白。
價格◆電洽。

007

008

008 玄關、後陽台轉角兩用櫃

一進門左手邊爲入口穿鞋平台與衣帽櫃，連接廚房區，櫃體在動線上緊鄰玄關、後陽台，所以除了鞋櫃規劃與簡單外出服、袋子收納等機能外，另闢可抽式折衣平台、收納格，暫時存放晾曬好的衣物，方便進行摺疊、分類等處理。圖片提供©王采元工作室 攝影©汪德範

使用者需求◆外出使用的鞋櫃、外套、袋子存放；後陽台盥洗衣物的摺疊、短暫存放整理。

尺寸◆寬150公分、高240公分、深45公分。

材質◆F3波麗板、油性噴漆、天然柚木貼皮接柚木實木封邊。

價格◆電洽。

010

009

010 玄關高櫃雅優給予進出空間的最好協助

屋主偏好極簡純粹的空間感，對於居家環境的整潔要求也一絲不苟，因此櫃體設計上使用最少、最簡單的形體與色彩來對應。由於經常往返外地工作，在入口處以一道白色高櫃來解決大部分的收納需求，除了迎接返家後的鞋子與外套，櫃體當還隱藏較大的儲藏室，用來放置行理箱等大型物件，這樣一來，就可以輕鬆的進出家門而不會手忙腳亂。圖片提供©深活生活設計有限公司

使用者需求◆希望從外地工作回家能一進門就有收整行理箱的地方。
尺寸◆玄關櫃（總長）：寬475公分、高210公分、深35公分。儲藏室：寬185公分、高21公分、深120公分。
材質◆烤漆門片。
價格◆電洽。

009 結合藤編材質的特色收納櫃

帶有南洋氣息的藤編材質，與木作結合讓櫃體看起來更像是一處端景，值得人細細品味。設計師指出，屋主本身有許多老件收藏，爲了讓整體空間與藏品更匹配，因此採用藤編材質，帶出風格，加上屋主收藏的五金把手，爲空間創造豐富的細節。設計師提醒，藤編材質雖然透風，但由於有縫隙可隱約窺見內容物，味道也容易飄散，建議消費者選用前可仔細評估。圖片提供©時治設計

使用者需求◆對鞋櫃有收納量的需求，亦希望有空間可以放置便鞋。
尺寸◆寬210公分、高240公分、深40公分。
材質◆木作烤漆處理、藤編網。
價格◆NT.8,500元／尺（價格僅供參考）。

011

011 衣物收納櫃整合電器收納

宜蘭宅邸主要作爲屋主休憩使用，空間模擬旅店設計，鞋櫃巧妙藏身架高區、作上掀設計，衣物收納櫃則規劃於玄關過道旁，只要穿過拱門、卸去束縛，便象徵假期開始！櫃內橫桿提供懸掛衣物，橢圓穿衣鏡呼應代表內外交界的拱門元素，可隨手橫移至想要的位置；下方方型櫃除了是穿鞋凳，之後也是迷你冰箱收納，與相鄰小廚房搭配使用。圖片提供©向度設計

使用者需求◆提供來宜蘭渡假時基本的衣物、鞋子收納功能。
尺寸◆寬190公分、高240公分、深55公分。
材質◆木作噴漆、鐵件、鏡面。
價格◆NT.45,000元／組。

012 用洞洞板串聯不同區域收納

玄關從建商預訂的L型轉角鞋櫃做起始，鋪陳整道收納牆面直至餐廚；中間的立柱鋪貼靈活多變的洞洞板，簡易的掛勾與小層板，增加入門時放置隨手小物的便利平台。木質與純白色塊的交錯使用，爲空間注入自在簡約的休閒感受；鞋櫃門片選用無把手的取手縫設計，保留玄關空間整體簡潔視覺。圖片提供©拾隅設計

使用者需求◆加入洞洞板設計，規劃玄關收納。
尺寸◆右側收納櫃：寬76公分、高270公分、深77公分。立柱上方洞洞板：寬84公分、高125公分。左側衣櫃：寬86公分、高270公分、深61公分。
材質◆系統櫃。
價格◆電洽。

012

玄關

013 具有屏風功能的收納櫃

由於玄關入口正對窗戶，屋主希望能遮蔽修飾，設計師以木作櫃體配置於入門區域，門板以溝縫處理，增添造型與風格。除了櫃體本身的收納功能外，轉折處增加了開放空間，可作展示之用，側邊採用灰色玻璃，巧妙地爲櫃體增添通透的輕盈感，也爲玄關空間爭取部分採光。利用櫃體引導空間動線，由玄關延伸至客廳，將不同的場域串聯起來。圖片提供©寓子空間設計

使用者需求◆希望能遮蔽開門見窗，以及放置電器及一般的生活用品。
尺寸◆寬180公分、高236公分、深90公分。
材質◆木作噴漆帶、灰色玻璃。
價格◆電洽。

013

014 鏤空造型鞋櫃介定場域又串聯空間

入口玄關過於鄰近餐廳區，因此利用鏤空設計的櫃體作爲區隔場域的屏風，同時也具備鞋櫃的收納機能，櫃體以H鋼作爲支撐，懸吊式設計使量體感更爲輕盈，而大理石餐桌貫穿鞋櫃並橫跨於廚房中島之間，與衆不同的設計將玄關、餐廳與廚房整合在一起，櫃體鮮明的色彩也在開放領域創造風格與視覺互動的趣味。圖片提供©奇逸空間設計

使用者需求◆想讓玄關與用餐區能適當分界而不影響空間開闊感。
尺寸◆寬200公分、高245公分、深38公分。
材質◆木作噴漆。
價格◆電洽。

014

016

016 混搭鍍鈦鐵件，櫃體更輕盈俐落

從大門進入後的公共廳區較為開放，為了區分場域、達到既穿透又遮蔽的效果，玄關處規劃一座懸空雙面櫃體，整體結構以木工打造，展示格、隔板局部使用鍍鈦鐵件材質，創造看似有份量卻又輕盈的感覺，一方面鐵件亦與收藏品質地相互呼應之，整體色調也儘量單一，讓收藏成為主角。圖片提供©FUGE GROUP馥閣設計集團

使用者需求◆屋主收藏許多木雕、銅雕，希望能展示出來。
尺寸◆寬215公分、高248公分、深45公分。
材質◆木作貼皮、鍍鈦鐵件。
價格◆NT.159,300元。

015 整合壁面的海量收納櫃

屋主本身擁有大量的鞋子，在設計師提出收納需求，設計師以「最大化櫃體」的概念，沿著入門後的動線，將儲藏間、衣櫃、鞋櫃、機櫃，等功能整合於公共區域的立面，依照業主的需求創造海量的收納空間。由於櫃體設計於動線上，故使用隱藏式門板，讓視覺更清爽，門板塗上義大利進口塗料，增添材質的細節，讓原本單調的櫃體變得豐富而獨特。圖片提供©寓子空間設計

使用者需求◆屋主本身擁有大量鞋子，希望有空間儲藏雜物、吸塵器、換季衣物。
尺寸◆寬300公分、高240公分、深60公分。
材質◆木作櫃體、義大利塗料表面。
價格◆電洽。

015

玄關

017 延伸鞋櫃材質，拉大立面尺度

大門處有通往客用衛浴和小孩房的入口會使玄關區域太小，為了在入口創造較大器的玄關，利用隱藏門的手法延伸鞋櫃木質素材將立面尺度拉大，而櫃體刻意不做滿在左下方局部留白處加入一道實木層板，作為藝品的展示平台也減少高櫃立面的壓迫感，並且在玄關與客廳之間放置一張長椅賦予雙向機能，不但能作為穿鞋椅也增加客廳的座位。圖片提供©奇逸空間設計

使用者需求◆衛浴和小孩房門位置卡卡，想要有大器完整的玄關區域。
尺寸◆寬488公分、高230公分、深38公分。
材質◆木作面貼木皮
價格◆電洽。

017

018 手指餅乾造型門板，柔和色調注入童話氣息

空間原本並無穿鞋椅的配置，為了方便小孩穿脫鞋子，因而改變了建商配置，將玄關櫃體改造為結合穿鞋椅的櫃體。延續家中餐廚櫃體的門板設計，將手指餅乾元素置入鞋櫃與穿鞋椅設計，色調上採用低飽和莫蘭迪色系，為空間注入粉嫩柔和的童話氛圍。鞋櫃門引採用鏤空設計以便透氣，且門引的高度貼心配合家中小孩的身高，讓孩子也能學習自己開關鞋櫃收放鞋子。圖片提供©穆豐設計

使用者需求◆為了方便孩子穿脫鞋子，希望能設計穿鞋椅，以及為了讓孩子練習自主擺放鞋子。
尺寸◆寬90公分、高215公分、深35公分。
材質◆木作噴漆。
價格◆電洽。

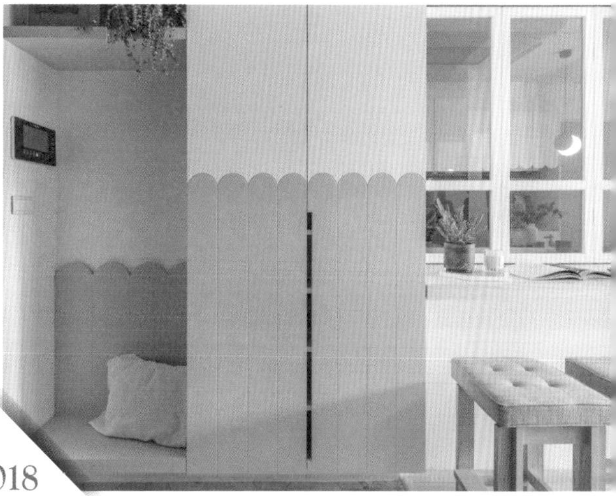

018

019 滑門儲物櫃，輕鬆推入嬰兒車

舊公寓翻新的房子，為發揮坪效，電視牆後方整合鞋櫃設計，另一側鋼琴的結構角落，則妥善配置一座儲物櫃，搭配滑門設計以及無障礙地坪，讓爸媽一回家可以直接輕鬆把嬰兒車推入收納，櫃子裡面還配有吊桿，兼具外出衣帽間功能，而左側門片滑開之後，更是大型家電最佳的去處，每個物件都得整齊乾淨。圖片提供©FUGE GROUP馥閣設計集團

使用者需求◆有一些掃除家電和嬰兒車需要收納。
尺寸◆寬150公分、高230公分、深60公分。
材質◆木作貼皮。
價格◆NT.40,000元。

020

020

020 因應露營風氣，櫃體注入山型元素

在花磚步道的底端是帶有小山造型的鞋櫃，出於近年來露營風氣漸盛，屋主也希望能在櫃體上做出新穎的設計，因而設計師藉由異材質的銜接，製造出山型意象，右側連接了穿鞋椅，讓穿脫鞋履更省力方便。鞋櫃門板的把手亦頗具巧思，製作成鏤空的旗子造型，呼應露營的概念，同時鏤空的把手也能爲鞋櫃提供通風的功能性。在鞋櫃下方做懸空設計，可以擺放較常穿脫的鞋子或者拖鞋。圖片提供©穆豐設計

使用者需求◆希望鞋櫃設計能跳脫陳舊，且內部層架需要可以自由調整高度，才能因應不同鞋款進行收放。

尺寸◆寬95公分、高233公分（離地37公分）、深50公分。

材質◆實木貼皮、噴漆。

價格◆電洽。

021 運動器材整合鞋櫃收納，使用更順手

由於屋主有固定運動習慣，因此設計師在思考玄關櫃設計時，特別注重機能性，希望能滿足其收納物品的大小以及使用習慣，除了利用右側百葉門片來規劃鞋櫃以外，也設置了方便穿脫鞋的穿鞋椅，並於另一側的下櫃作鏤空設計，讓屋主可以將瑜珈墊直立擺放，方便外出或者回家時收放與拿取。圖片提供©禾光室內裝修設計

使用者需求◆基於屋主的運動習慣，希望能提供更多機能性，例如運動器材的收納空間，將動線簡化提高收納效率。
尺寸◆玄關櫃：寬40公分、高246公分、深40公分。鞋櫃：寬245公分、高246公分、深40公分。
材質◆木作噴漆、百葉門、木作貼皮。
價格◆電洽。

021

022

022 櫃內加裝旋轉層架，大幅提升收納容量

此案的屋主爲一對姊妹，由於鞋子數量極多，收納容量與效率更顯重要，因此設計師於將玄關與鞋櫃整併在一起，利用在高櫃內加裝旋轉鞋架來大幅增加可收納的鞋子數量，同時也方便屋主挑選想要穿搭的鞋款。靠近門口的櫃體，於中段設置扁形抽屜櫃，讓屋主於入門後可以隨手放置鑰匙或信件，而下櫃則可收納鞋身較高的靴子，同時不忘做懸空設計，預留下方可放置拖鞋的空間。圖片提供©穆豐設計

使用者需求◆所需收納的鞋子數量極多，因此必須有多元鞋櫃類型，以提升櫃內的收納容量以及效率。

尺寸◆玄關櫃：寬53公分、高207公分、深40公分。鞋櫃：寬80公分、高207公分、深40公分。

材質◆木作噴漆。

價格◆電洽。

023 跳脱制式的櫃型設計，因應多元生活需求

此案公領域的櫃型尺度分割十分自由，爲的是因應屋主的生活需求，由於屋主有做瑜珈與健身的習慣，因而在客廳設計了可收納運動服、運動內衣以及健身器材的櫃體。上半部的櫃型可以自由更換需要收納或展示的物品，下櫃的平台高度恰好在及腰處，讓屋主能放置運動後所需補充的飲品，此外將臥榻與櫃體結合，讓屋主可於運動完後小憩片刻，若友人來訪也能增加客廳座位。

圖片提供©禾光室內裝修設計

使用者需求◆屋主有運動習慣，因此在櫃體設計上，除了滿足收納功能以外，也希望能成爲運動時的良好輔助。

尺寸◆寬433公分、高238公分、深55公分。

材質◆木作噴漆。

價格◆電洽。

023

024 考量觀賞視角決定收納櫃劃分方式

屋主本身有許多樂高收藏，設計師在了解需求後，利用建築的樑柱下空間，嵌入櫃體讓收納櫃與壁面整合，考量藏品之間尺寸落差大，在分隔上也順應此特性，採錯置分割的櫃體造型，將大型的展示品規劃於視線可及之處，讓人一眼就能欣賞。設計師在開放的櫃體中，穿插上掀門片，不僅增加造型的層次，亦增加收納多元性。圖片提供©時治設計

使用者需求◆有使用者有尺寸大小不一的收藏品，需要可兼顧展示與收納機能的櫃體。
尺寸◆寬260公分、高220公分、深45公分。
材質◆系統板。
價格◆NT.5,200元／尺（價格僅供參考）。

024

025 一整面長型書櫃化解視覺的壓迫

傳統客廳常見的電視牆，多半會佔據屋內相當大的面積，選以矮牆來取代，一方面可將其他較大的牆面作爲收納櫃使用，另一方面也可作爲餐桌的依靠。於是客廳的另一側，以間照造型及跳色延伸到牆面及門片，結合書櫃併作一整面長型主牆面，消弭視覺上的壓迫以及梁的存在感。書櫃採取滑門設計，原因在於屋主希望學齡前的孩童也能自行操作及練習收納，藉由滑門設計利於孩童更直覺的使用。圖片提供©巢空間室內設計NestSpace Design

使用者需求◆有效安排空間所需的收納需求。
尺寸◆寬280公分、高230公分、深40公分。
材質◆訂製木作系統櫃、實木貼皮、玻璃、一般滑門軌道。
價格◆電洽。

025

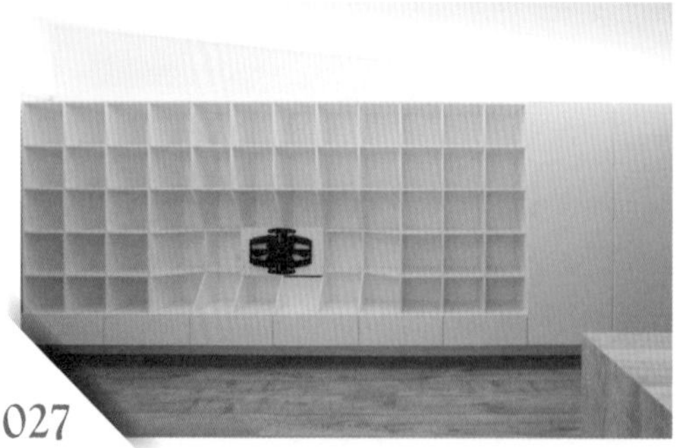

027

026 親子共用的綜合機能櫃

爲了協調親子作息時間與活動區塊，整合書房、展示櫃與遊戲區於靠窗處，一旁洞洞牆能加裝層板，配合需求、彈性靈活調整位置；臥榻下方開口則規劃收納小朋友的玩具箱。圓弧造型呼應過道金屬拱門元素，組構公共區域機能主牆，同時選用屋主喜愛的藍色搭配廳區木紋，營造清爽開朗的視覺效果。平時方便大人在廳區各處專注孩子活動安全；當晚上就寢時間，隨即成爲父母加班書房，多功能用途充分提升空間坪效。圖片提供©築樂居

使用者需求◆偶爾在家工作，要能有不影響家人作息的辦公空間。
尺寸◆寬535公分、高250公分、深40公分。
材質◆實木皮、木作、烤漆、乳膠漆。
價格◆NT.164,000元／組。

027 串聯廳區的造型收納主牆

走進家門的開放場域爲玄關、客、餐廳、廚房共用的空間，傾斜天花搭配整座內凹造型主牆，型塑整體立體幾何視覺。立面從穿鞋平台矮抽、衣帽鞋櫃，直至電視格子層架，開放櫃尺寸參考IKEA置物格大小，方便屋主直接沿用現有收納方式。整座櫃體以系統櫃搭配木作門片施作而成，中央電視壁掛架嵌於退縮處，裝設電視後令表面能與櫃子齊平。圖片提供©王采元工作室　攝影©蔡芳琪

使用者需求◆收納玄關與公共廳區物品，最好能沿用現有IKEA置物格。
尺寸◆寬650公分、深38公分、高223公分。
材質◆木心板、油性烤漆。
價格◆系統櫃搭配木作油性噴漆門片NT.55,300元／系統櫃NT.16,000元（衣帽櫃門片、走線槽牆板包覆木作費用）。

026

客廳

028 融入圖書館概念打造親子互動大書牆

屋主非常重視兩個孩子的學習，希望能潛移默化的養成他們閱讀的好習慣，因此公領域以親子互動爲設計發想，在主要牆面打造一面書櫃，並根據收納需求將櫃體均分成三等分，1／3結合小抽屜收整畫筆、剪刀等小物品，1／3規劃上掀板式書架展示可愛的童書，1／3作爲電視櫃再以烤漆玻璃滑門將電視隱藏在門後，小朋友也可以在上面盡情塗鴉，最右側的書桌則讓女屋主在處理網拍工作的同時與孩子。圖片提供©樂創空間設計

使用者需求◆在偏長形的公領域裡希望創造培養孩子閱讀習慣的場域。
尺寸◆寬545公分、高220公分、深40公分。
材質◆木作。
價格◆電洽。

028

029 方便拿取的暖黃色弧形書櫃

此案爲四房兩廳的住宅，原有隔間封閉、採光不足，考量居住人口爲屋主夫妻與孩子，將次臥空間打開，創造出開放式客餐廳結合書房的空間型態。利用牆面整合L型書櫃，讓視覺往走廊延伸，開放式書櫃設計，可方便小朋友自行拿書，學習收納自己的玩具。爲了增添溫馨感，書櫃外框使用活潑的暖黃色，利用弧線造型，讓原本的櫃體增添色彩與線條層次。圖片提供©寓子空間設計

使用者需求◆希望能增加開放式書櫃，收納孩子的玩具及用品。
尺寸◆寬140公分、高236公分、深35公分。
材質◆木作噴漆、貼模。
價格◆電洽。

029

030 減輕壓迫！背光處的懸吊黑櫃

老屋翻新的住家空間中，大膽應用黑、白、灰打造徹底的灰階世界，詮釋煥然一新的冷調無壓居家氛圍。廳區空間有限，主要收納規劃於電視牆側，直接在背光陰影處以黑色櫃體打造雜物、書籍收整場域，同時在電視旁做局部轉向開口，作視聽設備的電器櫃使用。不落地鏤空設計有效減輕大型封閉深色量體壓迫，為有序的理智空間注入輕盈與層次感。圖片提供©方構制作空間設計

使用者需求◆客廳沙發與電視牆跨距較小，想解決視聽設備擺放感應與雜物收納問題。
尺寸◆高櫃：寬119公分、高150公分、深45公分。矮櫃：寬119公分、高30公分、深45公分。
材質◆木工烤漆。
價格◆電洽。

030

客廳

031 將各式機能都收納進牆面中

擁有衆多公仔蒐藏的屋主，期望在空間內能擁有一面展示櫃，設計師以壓克力板打造展示櫃體，上下延續相同調性以造型紋作爲映襯，結合天花設有燈光照明，隨光一點亮更爲突顯蒐藏的質感與特色。一旁設置帶有圓弧曲線的電視櫃，讓整體更顯柔和之外，也藉由一抹淺藍，再建構出牆面的設計重心。櫃體整合收納、與其他蒐藏和不同尺寸公仔的展示，讓生活空間都能被嗜好所包圍。圖片提供©帷圓．定制circle

使用者需求◆需要有展示公仔的區域。
尺寸◆寬460公分、高180公分、深40公分。
材質◆木作訂製櫃、大理石、造型紋板、壓克力板。
價格◆高櫃NT.9,000元／尺。上吊櫃NT.4,000元／尺（不含貼膜、大理石材）。

031

032 櫃體自由變化，讓牆面有不同的表情

以端景櫃所在的牆面作爲客廳主牆，電視牆僅以樂土水泥質感表現純粹，爲的是讓端景櫃可以做自由排列，結合洞洞板以及三種莫蘭迪的選色，好讓屋主可隨生活巧思、心境轉換這道牆面設計，讓家有更多表情。爲滿足兩隻毛孩能與屋主一同在客廳玩耍，在端景區除了櫃體另還有開放層格、洞洞板及圓洞的設計，背後隱含將「貓跳台」融入的巧思，讓毛孩可躲在洞裡又可依循層板等排列方式條上高處，與屋主們一同在客廳區玩耍。圖片提供©巢空間室內設計NestSpace Design

使用者需求◆希望提供機能的同時也能與貓咪一同玩樂。
尺寸◆電視櫃：寬350公分、高20公分、深35公分。端景下櫃：寬240公分、高50公分、深40公分。端景上櫃：寬165公分、高26公分、深20公分。
材質◆訂製烤漆傢具、洞洞板材、緩衝絞鍊、滑軌。
價格◆電洽。

032

034

033 成長型居家的整合收納

住家廳區劃分爲視聽區、書桌客廳區與後方休憩平台，入口右側設計隨手雜物小櫃與對講機，而玄關櫃後方、淺灰色電視上下櫃與客廳座榻平台四格深抽，皆提供生活收納使用。平台上將會安置特製坐墊，高度便與後方休憩平台相同，放心讓小朋友到處坐臥嬉戲，成爲無障礙安全活動小天地。圖片提供©王采元工作室 攝影©汪德範

使用者需求◆小朋友正值成長期，希望培養閱讀嗜好，需要彈性使用與充足收納空間。
尺寸◆玄關櫃：寬35公分、高240公分、深35公分。電視牆櫃：寬225公分、深度從8～35～40cm不等、高240公分。座椅收納平台：寬330公分、高25公分、深85公分。
材質◆木心板、油性烤漆、茂系亞無甲醛波麗板、栓木實木板、樂土、F3夾板面貼天然栓木皮接栓木實木封邊。
價格◆電洽。

034 機能展示櫃加深廳區立體感

在臨窗處選用米灰色的低彩度系統面板，透過光線照射凸顯出表面紋理的布質視感，爲空間帶來柔軟、溫潤情調。壁櫃上不封頂，降低量體帶來的壓迫，同時以框架的巧妙粗細排列、黑玻襯底等細節處理，強化櫃體的立體深度，放大空間視覺效果。圖片提供©築樂居

使用者需求◆先作廳區展示收納牆面，預留未來小朋友讀書空間。
尺寸◆寬280公分、高240公分、深35公分。
材質◆義大利礦物漆、黑色烤玻、系統櫃。
價格◆NT.90,000元／組。

033

客廳

035 利用複合式櫃體修飾凹凸牆面

年輕都會女性的23坪小住宅，因爲坪數限制使得客廳收納要能兼具多重功能，而臥房內凹牆面正好落在客廳位置，因此規劃一道多功能櫃體來修飾，設計規劃上則要能對應平時的生活所需；櫃子結合能展示蒐藏的開放式層架及隱閉式的小書房，不但能保有適度工作隱私也能讓空間保持整潔。圖片提供©懷特設計

使用者需求◆客廳牆面外凸，小坪數仍有展示和收納需求。
尺寸◆寬180公分、高240公分、深45公分。
材質◆木作。
價格◆電洽。

035

036 斜面矮櫃創造延伸與流暢動線

這個家的坪數並不是太大，考量沒有多餘的空間能擁有一間獨立的儲藏室，利用玄關和客廳之間的牆面規劃一面櫃牆，寬度80公分，作爲鞋櫃一排可放三雙鞋，亦是大容量儲物櫃。仔細看兩櫃體銜接處特意採取斜面設計，使量體縮小、視覺更爲簡約清爽，櫃體門板選搭有著類似珪藻土的紋理，提升質感，牆面層架爲兼顧支撐性，改以木作烤漆打造，鐵件甚至以木紋貼皮，與粉橘烤漆的溫暖調性更加協調。圖片提供©實適空間設計

使用者需求◆希望盡量利用空間創造足夠的收納量。
尺寸◆矮櫃：寬360公分、高50公分、深45公分。高櫃：寬240公分、高231公分、深60公分。
材質◆系統櫃、木作烤漆。
價格◆系統矮櫃NT.3,500～4,500元／尺。系統高櫃NT.6,000～7,000元／尺。

036

038

037 複合式書櫃統整小物件取用更方便

爲了擁有開闊視野的居住空間，在預售屋時期就將建商所附的設備退掉，以穿透的概念打造30坪1房1廳的隔局，屋主夫妻希望可以順應生活動線及習慣規劃收納，將書房含括在客廳之中，而在一旁的書櫃被賦予收納整個公領域物件的重要角色，櫃子除了依照不同尺寸的藏書制定格層大小，當中還劃分出小抽屜，能更有條理的收整零碎物品，書櫃還特別設計可滑動式的黑板，讓夫妻倆可以隨手記錄旅遊點滴。圖片提供©懷特設計

使用者需求◆書藉很多而且大小尺寸不一，希望客廳雜物能集中收整。
尺寸◆寬210公分、高150公分、深35公分。
材質◆木作。
價格◆電洽。

038 BOX堆疊裝置藝術書櫃

帶灰階的藍色箱子堆疊成一落落，透過外凸、橫移錯落手法，表現出不受拘束的生活趣味，成爲住家獨有裝置藝術。門片開闔採用拍拍手設計，省略五金把手帶來的多餘線條；每格層間距保留1公分用以留縫、描繪陰影，加深箱子間的立體度，讓封閉式收納書櫃不再制式無聊。圖片提供©方構制作空間設計

使用者需求◆平時能好清潔打理的大容量書櫃收納。
尺寸◆寬260公分、高190公分、深40／35公分。
材質◆木作烤漆。
價格◆電洽。

037

客廳

039 彩色玻璃與層板整合藏書與電視櫃

不同於以往的整面書櫃，設計師爲擁有大量藏書的業主，將書櫃與電視櫃空間結合，環繞佛堂空間，增設層板以及收納櫃體與門片，女主人活潑的性格讓設計師聯想到可以用彩色玻璃做爲間隔，除了增加造型帶來律動感，也可讓光線穿透爲室內爭取更多採光，在層板間錯落地放置附有門片的收納櫃，爲開放式的櫃體創造實用性，方便使用者收納。圖片提供©時治設計

使用者需求◆空間有限，希望能在區域中盡量創造收納空間。
尺寸◆寬630公分、高235公分、深35公分。
材質◆白橡木波麗板、有色玻璃。
價格◆NT.7,500元／尺（價格僅供參考）。

039

040 端景主牆也是收納與電器櫃

在爭取更多使用空間與機能的前提下，只能將客廳安排於動線上，加上希望能保留沙發前方落地窗的好採光，因此，決定以電視柱取代傳統電視牆櫃設計，讓客廳也更輕盈寬敞。而在玄關與餐廚區之間則規劃一座多功能主牆櫃，靠近廚房處可放小家電強化機能，在客廳旁則作爲雜貨收納與端景，也彌補無電視主牆的設計感與收納力。圖片提供©文儀設計

使用者需求◆屋主需要的收納量不少，加上開放式的廚房已經沒有多餘空間來規劃電器櫃，必須另覓空間來滿足收納需求。
尺寸◆電器櫃：寬160公分、高225公分、深65公分。高櫃：寬60公分、高225公分、深65公分。
材質◆電器櫃：霧面結晶鋼烤。高櫃：胡桃木木皮、栓木木皮噴白。
價格◆電洽。

040

042

042 融入時尚音響設計的訂製廳區收納

硅藻土電視牆延伸玄關大門，根據動線需求，於兩區毗鄰處設置長櫃，左側提供上下懸掛衣物，右側則以日常收納爲主。此處由屋主視聽設備爲設計發想，鋪陳白色、內嵌光帶塑造主要外觀，骨架則選用木作與鐵件混搭，兼具輕薄線條與機能，營造明快簡潔的現代面貌。圖片提供©方構制作空間設計

使用者需求◆一進門後，想要有外出衣服小物收納區，與符合視聽設備尺寸、風格的機櫃設計。
尺寸◆長櫃：寬190公分、高130公分、深40公分。電視櫃：寬90公分、高50公分、45公分。
材質◆木作、鐵件。
價格◆電洽。

041 整合機能創造360度收納櫃

本空間因建商規劃的既有廚房過於狹小，無法配置家電設備，設計師運用巧思將電器櫃與電視牆櫃整併於圓弧的量體中，讓視覺更乾淨簡潔。電視櫃所在的位置與建築本身柱體交疊，透過木作櫃體修飾，可達到遮蔽虛化的效果；電視櫃後方亦是收納櫃門片，雙面櫃的設計讓橢圓形的量體發揮360度的強大收納機能。圖片提供©時治設計

使用者需求◆使用者收納量大，廚房空間有限，無法規劃餐具櫃。
尺寸◆電視牆雙面櫃：寬300公分、高240公分、深60公分。
材質◆木作、烤漆。
價格◆NT.8500元／尺（價格僅供參考）。

041

043

043 輕盈不厚重的收納吊櫃

此案的櫃體位於客廳與餐廳的動線之上，屋主希望能收納影音用品之餘，也能擁有部分的展示機能。爲了不讓深度60公分的櫃體爲空間帶來壓迫感，設計師先是將鄰近餐廳的轉角內縮，以斜切45度的方式爲畸零的區域創造展示空間，可用來陳列體積不大的物件，接著將櫃體懸空，留下40公分的高度，讓櫃體存在於空間動線上不會顯得過於厚重。面對客廳的櫃體設計中空區域，同樣有使視覺輕盈的效果，圓弧的線條亦爲原本單調的櫃體賦予變動與趣味。圖片提供©寓子空間設計

使用者需求◆希望可以收納遊戲片，並擁有小型展示空間。

尺寸◆寬163公分、高234公分、深60公分。

材質◆系統櫃

價格◆電洽。

045

045 簡約層架打造舒服北歐客廳

以鐵件搭配木作做出具有簡約北歐風格的展示櫃，開放式的設計，看起來超輕巧。下方還做出6個活動櫃，可收納書籍、雜物或公文資料，加寬的活動櫃同時也可當作臨時的客用椅。圖片提供©相即設計

使用者需求◆屋主希望可以展示旅行帶回來的紀念品，同時要有能收納書籍雜物的空間。
尺寸◆寬250公分、高260公分、深40公分、層板厚度4公分、跨距80公分
材質◆黑鐵烤漆、紅橡木貼皮、萬向滑輪。
價格◆含木作NT.6,800元／尺。

044 既是收納、展示櫃，也是毛孩的遊戲場

由於屋主和毛小孩一塊生活，在設計客廳電視櫃機能時，朝結合多種功能去做思考，滿足生活收納及擺飾功能，也能是毛孩的遊戲場，且空間視覺不因某種機能而被阻斷。設計者將下櫃、跳台及層板做出25～30公分高地差，這間距適合貓咪作爲踏階的距離，使用起來也舒適；跳台按比例隨機打散，予以貓咪在使用時有更多自由的可能性。爲降低毛孩對櫃體的破壞，除了選用美耐板材外，也設計拍拍門無把手來做應對。圖片提供©巢空間室內設計NestSpace Design

使用者需求◆滿足生活收納也能作爲毛孩的遊戲場。
尺寸◆層板：寬250公分、高150公分、深20公分。下櫃：寬300公分、高30公分、深35公分。十字跳台：深20公分。
材質◆系統櫃、美耐板、緩衝絞鍊、滑軌。
價格◆電洽。

044

046

046 漫畫櫃成為住家個性牆面

爲了擁有大量漫畫收藏的屋主，設計師直接將喜好轉爲實質，於廳區側牆訂製一座以漫畫爲主的展示櫃，令其變成居家裝飾主題之一。櫃體爲16.5公分寬度小格、精選1公分木紋夾板組合而成，兼具細膩線條與載重。夾板拋磨後塗上透明漆，凸顯色彩與紋路，與居家木質元素相呼應，屋主還因此特意褪去漫畫鮮豔書衣，展示低彩度書脊，完美融入整體設計之中。圖片提供©方構制作空間設計

使用者需求◆想要在廳區有個專屬的漫畫展示牆。
尺寸◆寬140公分、高195公分、深15公分。
材質◆夾板拋磨上透明漆。
價格◆電洽。

047 延伸收納櫃用滑門設計隱藏樓梯牆面更完整

重新分配場域後，將原本的孝親房改爲小朋友的遊戲空間，客廳則捨棄制式電視牆改爲規劃投影布幕的形式，主牆面就留給展示與收納使用；最左側櫃子作爲玄關之外的擴充鞋櫃，收放一些較少穿的鞋子，中間則嵌入開放格櫃展示女主人心愛的樂高模型，最右側延伸櫃體的木作材質製作滑門來隱藏樓梯，使整體視覺感受更加完整俐落。圖片提供©樂創空間設計

使用者需求◆家裡有小朋友收納需求大，樓梯卡在中間不好規劃。
尺寸◆寬495公分、高264公分、深40公分。
材質◆木作。
價格◆電洽。

047

048 能自由嬉戲的居家圖書館

屋主希望廳區結合活動與學習，令小朋友在快樂的空間中自然培養閱讀習慣。首先透過拆除廳區相鄰房間，擴增公共區域、延伸臨窗採光區，天花壁面鋪陳白色與淺灰、打造舒適立體空間框架。同時巧妙利用原有結構位置，將書牆往前挪移，打造猶如圖書館的環形動線與雙面書櫃，中央開孔、加強承重，令整座櫃體內、外、四週，都是可以隨地坐臥、閱讀嬉戲的樂園。圖片提供©築樂居

使用者需求◆想讓小朋友能在家輕鬆閱讀、遊戲，讓生活充滿書香氣息。
尺寸◆寬700公分、高270公分、深50公分。
材質◆木作。
價格◆NT.242,000元／組。

048

050

050 白色美型櫃具起承轉合寓意

在玄關與客廳電視牆之間一座美型收納櫃，用來銜接入門區的玄關櫃，讓視線向內延伸，同時電視牆藉由木格柵與白色櫃門面材互為變化，適切地襯出設計美感。在櫃體機能上，右側接續玄關吊掛衣物功能更為方便貼心，而左側邊櫃則以導圓設計作收，營造輕盈、圓潤感。另外，下方木質矮櫃則滿足電器收納，也放寬了客廳格局。圖片提供©文儀設計

使用者需求◆屋主本身偏好五星級飯店的精品質感，且因室內為單向採光的格局，讓玄關處顯得較為陰暗、不舒適。
尺寸◆上櫃：寬212公分、高197公分、深 32公分。下櫃：寬695公分、高45公分、深48公分。
材質◆上櫃：栓木木皮噴白。下櫃：尤加利木皮
價格◆電洽。

049 木作拉門結合電視牆，擴充強大收納機能

客廳區域利用柱體深度發展櫃體系統，讓櫃子和結構兩者予以整合。一方面利用木作貼皮拉門作為電視牆，如此一來就能徹底運用到電視牆後的空間，隱藏豐富的書櫃收納機能。左右兩側櫃體則採用半開放門片設計，可適當遮擋凌亂的物品。圖片提供©實適空間設計

使用者需求◆屋主藏書量大，希望能收得平整好看，也想要放置大尺寸電視。
尺寸◆左櫃：寬75公分、高225公分、深32公分。右櫃：寬93公分、高225公分、深32公分。拉門後櫃體：寬154公分、高225公分。
材質◆系統板材（E0板、BLUM五金）、木作貼皮。
價格◆系統櫃NT.5,000～6,000元／尺。

049

052

052 利用牆面創造大容量收納櫃

本案整體空間有限，設計師利用電視牆面，加上大面積的櫃體，爲屋主創造收納空間。爲了不讓櫃子的量體爲視覺帶來壓迫感，特地以懸掛的方式配置櫃體，色系上以白色門片創造清爽感，搭配灰色的底牆，增添線條與層次。圖片提供©寓子空間設計

使用者需求◆缺乏收納空間，需要大容量置物櫃。
尺寸◆寬190公分、高150公分、深40公分。
材質◆系統櫃。
價格◆電洽。

051 橫跨四大場域的機能櫃

以整面活動門片櫃體、餐桌爲機能主牆的公共區域，具備輔助客餐廳、健身房、女主人工作區等綜合機能。其中客廳亦爲全家的健身場域，前段收納櫃暗藏階梯箱、瑜珈球、槓鈴、特製拉力柱等器材，樑下還有懸掛五金可以做TRX；而後段櫃體鄰近工作區，存放工業平車與內嵌燙板等裁縫相關物品。可隨門片橫移的活動長桌則依照屋主全家當下需求、輕鬆挪動至適合位置，充當工作桌或餐桌使用。圖片提供©王采元工作室 攝影©汪德範

使用者需求◆要能滿足客餐廳、健身房與工作使用等多元需求。
尺寸◆寬590公分、高240公分、深68公分。
材質◆F3波麗板、油性噴漆、樂土。
價格◆電洽。

051

客廳

053 集中收納讓電視主牆更俐落

爲了讓室內變得明快、開闊，設計師先請建築師爲老屋作鑑定並申請擴大開窗設計，同時將餐廳與廚房改爲開放格局，讓公共區可以有雙向採光；另外，在大門與廚房之間增設儲藏室來收納更多雜物，有這些改變才能使客廳無負擔地採用木格柵設計出簡約電視牆，而左側白色櫃體與下方電視矮櫃則只需收納客廳常用電器或物品。圖片提供©文儀設計

使用者需求◆由於老屋本身就因開窗小而顯得陰暗，也因原本收納規劃不佳，整體空間顯得凌亂。
尺寸◆上櫃：寬116公分、高215公分、深37公分。下櫃：寬345公分、高30公分、深45公分。
材質◆上櫃：白色透心美耐板。下櫃：木紋美耐板、白色透心美耐板檯面。
價格◆電洽。

053

054 讓視覺更輕盈的鐵件收納展示櫃

喜愛極簡風格的屋主，希望整體設計能盡量簡潔，爲了收納影音設備以及線材，設計師規劃了懸空的壁櫃，以無把手的門片讓視覺留白，創造清爽氛圍，針對業主的琉璃收藏品，訂製了可打燈的鐵件櫃體，鐵件的薄度更勝板材，讓線條更輕盈。下方的抽屜矮櫃除了擁有收納機能之外，後方留有線槽，方便屋主整線收納。圖片提供©時治設計

使用者需求◆希望視覺線條簡潔，同時又具有收納及展示的功能。
尺寸◆收納展示櫃：寬130公分、高210公分、深40公分。抽屜矮櫃：寬400公分、高25公分、深40公分。
材質◆收納展示櫃：烤漆門板、鐵件櫃（烤漆）、木工烤漆門板、鋼板。抽屜矮櫃：白橡鋼刷木皮（染色處理）。
價格◆鐵件NT.17,000元／個、木作5,800元／尺。

054

056

056 美感與功能收納並存滿足大坪數需求

77坪的複層老屋以傳承爲發想點，空間設計融入東方圓融的概念，在交誼聚會爲主的客廳以裝飾性收納爲主，利用鐵件打造整面的圓弧展示架包覆客廳，即使不陳列物品也可以是一件充滿張力的空間藝術品，客廳另一側則是以低調的黑色高櫃作爲功能性收納，足以對應大坪數的收納所需。圖片提供©懷特設計

使用者需求◆希望櫃體不只是收納，也可兼具展示功能。
尺寸◆寬280公分、高210公分、深45公分。
材質◆木作、鐵件。
價格◆電洽。

055 凸窗臥榻櫃打造廳區景深

美式居家客廳沙發、電視間距有限，設計師透過建築本身的凸窗元素，整合規劃臥榻收納牆設計，巧妙利用對外窗的明亮天光、櫃體臥榻的深淺層次，創造出放大空間視覺景深效果。臥榻可供屋主閱讀、處理公事使用，偶爾在這兒放空休息也是極好的！兩側的對稱開放櫃可收納擺放書籍、紀念小物，下方則規劃大拉抽功能，賦予臨窗側牆多元實用機能。圖片提供©拾隅設計

使用者需求◆廳區需具備基礎收納功能，除了沙發還希望有個休憩角落。
尺寸◆臥榻：寬161公分、高40公分、深57公分。左、右展示櫃：寬85／89公分、高272公分、深33公分。
材質◆木作、烤漆。
價格◆電洽。

055

客廳

057 連電視都能藏起來的拉門櫃

電視牆櫃從落塵區延伸客廳，兼具衣帽櫃、穿鞋椅、雜物收納等機能。此處最特別的是能將門片全部橫移關上，成爲遮蔽電視的淨白收納牆，降低孩子們在閱讀學習時的3C誘惑。門片後方層板則提供居家大容量雜物收整，無需擔心落塵、整齊與否，簡化日常打掃整理工作。圖片提供©築樂居

使用者需求◆希望在保有電視前提下，降低3C對小朋友學習影響，同時兼具收納功能。
尺寸◆寬660公分、高180公分、深40公分。
材質◆木質、烤漆。
價格◆NT.210,000元／組。

057

058 擁有豐富收納量的電視櫃

不若以往頂天立地的電視櫃設計，設計師特地將電視櫃以吊櫃的方式呈現，爲場域保留呼吸空間，以矮櫃順著空間線條延伸至窗邊，塑造整體的韻律感。吊櫃門板以FENIX材質面貼，大容量櫃體可收納書籍與刊物。下方矮櫃的開放空間可放置數位影音設備，一旁的抽屜櫃亦能隨心運用，將瑣碎的物品放入其中，靠窗邊的櫃體設計上掀門片，增加空間內的儲物機能。圖片提供©寓子空間設計

使用者需求◆希望擁有儲物機能的電視櫃。
尺寸◆電視櫃：寬90公分、高160公分、深35公分；矮櫃：寬180公分、高40公分、深35公分。
材質◆木作噴漆，面貼FENIX，門片及抽頭是系統板木作上塗料。
價格◆電洽。

058

060

060 樂譜線條化為機櫃門片兼容美感及機能

現代化的居家少不了滿足視聽感官的影音設備，必需給予足夠的空間收納以維持空間的簡潔俐落，客廳電視牆與臥房衣櫃共用牆面，在朝向客廳的一側留出容量充足的機櫃位置，放置各類影音設備主機以及唱片、CD、遊戲機等，並試圖延續空間的設計概念，將音樂的聽覺想像轉化成為視覺靈感，以線條隔柵作為門片造型也有助機器設備通風，同時利用木條的高低落差將取手不著痕跡的隱藏在其中。圖片提供©深活生活設計有限公司

使用者需求◆視聽設備很多，想要在方便使用的地方整合大容量的機櫃。
尺寸◆寬62公分、深45公分、高245公分。
材質◆木作門片、木格柵取手。
價格◆電洽。

059 結合咖啡廳概念以層格櫃條理展示旅行回憶

喜歡四處旅行的屋主夫妻，從世界各地帶回許多馬克杯作爲珍藏回憶的戰力品，廚房區域置入了咖啡廳的概念，在玄關轉進來的重要位置規劃成開放展示櫃，擺放這些具有紀念性的杯子及沖煮咖啡的器材，可滑動的黑板漆門片則作爲出門時隨手記錄的留言板，廚房的高吧檯提供了一個休閒的居家氛圍，也適度的遮擋烹煮時亂亂的料理檯面。圖片提供©樂創空間設計

使用者需求◆從世界各地蒐藏來的馬克杯很多想要有一個位置來展示。
尺寸◆寬80公分、高240公分、深35公分。
材質◆木作。
價格◆電洽。

059

客廳

061 利用電視牆整合收納與展示功能

由於屋主本身並無裝設電視的打算，因此計畫利用空白的電視牆做完整的收納，挑選了北歐品牌所設計的懸吊層架來收放書籍，同時放置植物或飾品妝點空間，可以彈性調整層架高度，讓展示物品不受侷限。下方的電視櫃高度恰好與投影幕拉放下來的底部吻合，做懸空設計是爲了預留空間擺放掃地機器人或者拖地機。由於屋主喜歡無印良品風格，因此將門板設計成日式風格，鏤空的把手方便屋主施力開闔櫃體。圖片提供©穆豐設計

使用者需求◆希望能妥善利用空白的電視牆做收納規劃，下方電視櫃可放置雜物以及娛樂電器，並預留空間放置掃地機器人。
尺寸◆寬282公分、高40公分、深35公分。
材質◆實木貼皮、門片噴漆。
價格◆電洽。

061

062 異材質展示櫃減輕量體視覺壓迫

廳區收納量體利用L型鐵件與玻璃層板結合門片櫃，利用不同材質的簡薄、穿透特性，堆疊出輕盈層次線條，降低壓迫感，同時兼具男主人的模型展示功能。一旁的電視牆大面塗覆自然風味十足的礦物塗料，用原始質樸元素巧妙平衡櫃體黑白無機質設色，打造方便又有溫度的廳區氛圍。圖片提供©拾隅設計

使用者需求◆希望居家有大量的門片收納，另外需有模型展示空間。
尺寸◆木作櫃：寬187公分、高253公分、深40公分。玻璃展示櫃：寬45公分、高213公分、深40公分。電視櫃：寬170公分、高25公分。
材質◆木作、玻璃、鐵件、水染栓木。
價格◆電洽。

062

064

064 自然融入設計的礦物漆收納主牆

住家客、餐、廚爲開放空間，共享L型兩面開窗充足採光。電視牆採吊掛鏤空設計、減輕視覺壓迫，具備隔屏與環狀動線導引功能，表面塗佈自然暈黃的水泥色礦物塗料，同時延伸餐廚側牆，營造低調視覺重心。這裡主要收納規劃於電視下方抽屜與轉角門片櫃當中，過道櫃門採無把手設計，隨著位置左右開啟，減少多餘細瑣元素，兼顧使用安全與合理性。圖片提供©方構制作空間設計

使用者需求◆好整理、拿取的隨手收納空間。
尺寸◆轉角雜物櫃：寬100公分、高240公分、深60公分。
電視櫃：寬200公分、高35公分、深45公分。
材質◆木作、礦物塗料。
價格◆電洽。

063 靚藍搭配木質色，豐富櫃體表情

電視櫃設計要滿足視聽收納以及展示需求，藉由懸浮櫃體的不落地設計展現輕盈感，櫃體門片與桶身擷取屋主喜愛的馬諦斯畫作其中藍色爲發想，檯面以溫潤木質搭配，增加層次質感，也創造出獨特性。不落地櫃體底部約30公分高，輕盈之外也方便收納掃地機器人。圖片提供©實適空間設計

使用者需求◆客廳需要視聽櫃，但須考量深度與避免大型量體產生壓迫感。
尺寸◆寬240公分、高30公分、深45公分。
材質◆木作烤漆。
價格◆電洽。

063

客廳

065 書櫃強收納海量藏書，洗手台外拉釋放客浴空間

屋主本身極愛閱讀，因而有海量的藏書，也希望能將女兒的各式繪本一併收納，因此設計了以青藤色鐵片構成的書櫃牆，同時結合了電視牆功能，將不同機能整併活化空間功能性。書櫃牆同時可以界定空間，並將從客浴外拉的洗手台隱蔽起來。由於客浴面積侷促，因而將洗手台外拉至公領域的動線樞紐，增加使用的便利性與多元性。根據不同的收納物品種類，設置了抽屜室與門片式櫃門，提升收納效率。圖片提供©甘納空間設計

使用者需求◆由於藏書衆多，且需要可以界定空間的緩衝，利用書櫃牆作爲空間的彈性分界。爲了讓客浴在使用上更寬敞舒適，將洗手台外拉至公區域。
尺寸◆寬580公分、高268公分、深35公分。
材質◆鐵片噴漆、木皮噴漆。
價格◆電洽。

065

067

067 仿樂高電視書牆，多樣櫃型滿足各類收納

屋主本身是個樂高迷，有許多的樂高模型希望能展示出來，因此設計師擷取了樂高意象，設計了將書櫃與電視櫃相互結合的造型櫃體，表現出方格子堆疊的視覺感。於櫃體上方預留完整的平台，提供屋主自由更換與展示樂高作品，下方櫃體以開放式與門板式櫃體錯落配置，整合了書本展示與雜物收納的功能性。以暗取手的門引設計簡化櫃體線條，呈現俐落簡約氣息。圖片提供©甘納空間設計

使用者需求◆得以展示樂高模型是首要條件，除了展示功能以外，也需要有可以收納的櫃體，下方以抽屜式櫃型提供屋主收放文件，多元櫃型可提高分類收納物品的效率。
尺寸◆寬630公分、高155公分、深45公分。
材質◆木紋噴漆。
價格◆電洽。

066 功能各異的櫃體相連，善用轉角增加收納容量

屋主本身收藏了許多旅遊紀念品，因此櫃體設計也需要提供展示功能，設計師規劃了頂天立地的高牆櫃體，連結電視櫃至臥榻。高櫃的櫃格大小不一，是爲了讓屋主擺放不同尺寸的紀念品，局部加裝門板則是提供雜物收納的空間。電視櫃與臥榻的轉角處設計了上掀式櫃體，可以收放孩子們的玩具，臥榻下方則設置了大型抽屜，大幅增加了可供收納的容量。爲了避免在行走中撞到把手，櫃體的門引皆採用斜手把或者鏤空設計，除了保障生活的安全性以外，也讓整體視覺顯得清新簡約。圖片提供©穆豐設計

使用者需求◆需要能夠展示旅遊紀念品的櫃子，櫃格的大小不可過於單一，也希望能增加家中收納雜物的空間。
尺寸◆電視開放高櫃：寬150公分、高205公分、深40公分。電視櫃：寬250公分、高25公分、深40公分。轉角上掀櫃：寬40公分、高50公分、深40公分。座臥榻：寬340公分、高40公分、深60公分。
材質◆木作噴漆、貼皮。
價格◆電洽。

066

客廳

068 異材質隔屏櫃串聯廳區機能

運用大型隔屏創造公共場域的廊道空間與回字型動線，同時串連客餐廳機能、解決屋主在意的風水問題。櫃體左側鐵件層架八格抽屜提供餐具收納，電視下方水磨石平台則規劃爲影音設備放置區。木作、石材與鐵件異材質組搭出的鏤空櫃，有效降低量體存在感與壓迫性，讓空氣、光源能自由流動，客、餐廳與玄關不再陰暗閉塞。圖片提供©向度設計

使用者需求◆解決開門見窗的風水問題，兼顧餐具與電器收納需求。
尺寸◆寬380公分、高230公分、深45公分。
材質◆木作噴漆、鐵件、水磨石。
價格◆NT.140,000元／組。

068

069 書蟲專屬的收納櫃

熱愛閱讀的屋主擁有大量的藏書，加上沒有看電視的習慣，設計師將客廳的公共空間規劃成猶如圖書館一般的書牆，分隔設計可收納許多書本，考量到收納需求將中段空間作爲收納櫃，以霧藍色烤漆邊框門片遮擋，內可放置如吸塵器、掃具等體積較爲高長的物品，藍色的線條也爲純白的空間帶來活潑與清爽的感覺。圖片提供©寓子空間設計

使用者需求◆屋主本身有許多書籍，需要大量的書櫃。
尺寸◆寬240公分、高234公分、深40公分。
材質◆系統櫃、木作結合磁鐵板拉門。
價格◆電洽。

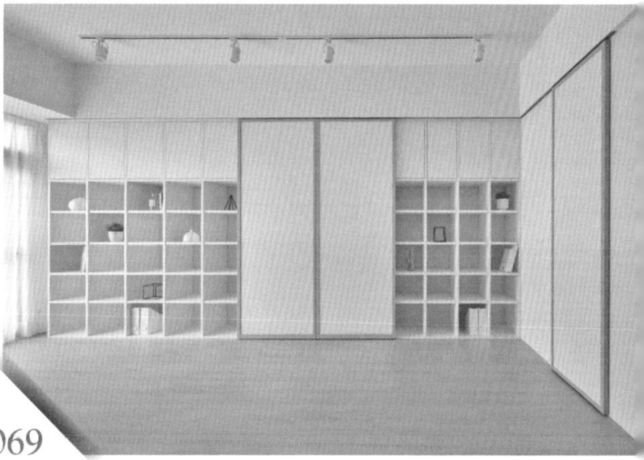

069

071

071 擁有優秀收納功能的電視櫃

打破以往電視櫃收納機能不佳的印象，設計師將電視櫃與收納櫃整合於牆面，精準拿捏吊櫃與腰櫃的尺寸與量體，讓空間得以呼吸，下方開放空間可作爲書櫃使用；右側設計拉門櫃，滿足居主者的收納需求，以具有北歐風的洞洞板做爲門片，可利用洞洞板的空隙隨心所欲地變換掛置的物品，增添爲家妝點的樂趣。圖片提供©時治設計

使用者需求◆空間有限，希望能在區域中盡量創造收納。
尺寸◆電視櫃：寬180公分、高240公分、深 45公分。拉門收納櫃：寬80公分、高240公分、深 45公分。
材質◆白橡木皮染色處理、白色烤漆門板、木工。
價格◆吊櫃、腰櫃NT.4,200元／尺、洞洞板門片櫃NT.7,500元／尺（價格僅供參考）。

070 變化板材切割形式，壁面展示櫃表情更豐富

此壁面展示櫃爲本案電視牆面的延伸，由於電視牆爲突顯塗料質感，做了留白設計，因此利用客廳後方空間的牆面，以木作完成展示收納櫃。設計師在板材的切割上做了凹凸的變化，巧妙解決櫃體過渡到牆面的連接問題，將下方壁面以及抽屜門片漆上塗料，延續客廳電視牆的主題感。圖片提供©寓子空間設計

使用者需求◆需要展示空間，收納部分影音設備。
尺寸◆寬220公分、高260公分、深20公分。
材質◆木作、塗料。
價格◆電洽。

070

客廳

072 雙色櫃低調收整遊戲、視聽器材

屋主育有兩個小朋友，時常參與共學活動，有時更會提供家裡作爲場地給小朋友聚會玩耍。因此住家規劃上捨棄電視、沙發等傳統傢具，利用磁性黑板、投影螢幕、開闊可隨意坐臥的木地板，打造舒適互動場域。牆側由染黑、原色搭配而成的拼色櫃，收納音響設備、桌遊等道具，混雜深色元素創造低調視覺、降低量體存在感。圖片提供©築樂居

使用者需求◆家中常會邀請共學小朋友相聚，需要能整齊存放視聽設備、遊戲小物的地方。
尺寸◆寬120公分、高240公分、深40公分。
材質◆木質、黑玻。
價格◆NT.120,000元／組。

072

073 融入無壓框架的黑白簡約櫃體

四十年老宅重新改頭換面後，純白牆面設色爲開放空間帶來無邊界的放大效果，令客、餐廳、遊戲區共享開闊感與明亮光源！電視牆與入口相鄰，整合玄關櫃、鞋櫃與廳區收納於統一平面，同時以黑色噴漆作背景、弱化電視存在。透過系統整合，女主人珍藏的城市杯整齊排列在上方特製層架，成爲獨有住家個性裝飾。圖片提供©向度設計

使用者需求◆展示星巴克城市杯珍藏，與減少小朋友磕碰的安全活動場地。
尺寸◆電視櫃：寬315公分、高230公分、深40公分。
材質◆木作噴漆。
價格◆NT.85,000元／組。

073

074 貼牆整合多機能收納，簡化線條

沙發側櫃緊貼客廳、大門，因此在功能上也圍繞兩區需求量身打造。左邊設計玻璃玄關櫃供零錢、鑰匙進門後隨手放置；下方石板平台則爲沙發區的邊几，給屋主有個擺水杯、遙控器、薰香、書籍的便利角落。而上方對開門片櫃除了收藏雜物功能外，電錶箱亦隱身其中，尤其設計師將電錶箱門片改爲橫移式，如此一來就可以不卸下層板即可調整檢查，使用細節滿分！圖片提供©向度設計

使用者需求◆住家空間有限，希望兼顧玄關與客廳收納小物需求。
尺寸◆側櫃：寬140公分、高250公分、深35公分。
材質◆木作噴漆、玻璃、鐵件。
價格◆NT.48,000元／組。

074

客廳

075 多變化櫃牆立面，讓物品都有專屬收納區域

利用玄關入口到沙發的大尺度面寬，再加上根據屋主的生活習慣配置各種體貼的收納機能，整排收納櫃最左側滑門推開後，雙層高度的抽屜打開可直接將雙肩包包放入，接著是開放層架、白色烤漆配半圓把手設計，不同的立面變化增添豐富性，最右側半圓門片呼應把手線條，同時兼具端景功能。其中白色烤漆門片隱藏大型儲藏空間，捨棄踢腳板，行李箱輕鬆推入就能收。圖片提供©FUGE GROUP馥閣設計集團

使用者需求◆一回家要有好收納包包的設計，還有行李箱、吸塵器等儲藏需求。
尺寸◆寬764公分、高282公分、深45公分。
材質◆木工貼皮、烤漆。
價格◆NT.262,650元。

075

076 賦予書櫃門板黑板功能

客廳規劃了大面積書牆，與電視牆的平台連成一體，格數充裕的書牆可完整收納屋主的藏書。書櫃牆上有可活動的櫃門可做局部遮蔽，門板材質爲烤漆玻璃，可以做爲黑板使用，讓屋主可以教導上小學的孩子學科上的知識。著重於展示品收納的櫃體加裝玻璃門片，不僅提供透視性，也能確保展示品的安全。圖片提供©穆豐設計

使用者需求◆屋主有大量藏書需要收納，且希望家中能有黑板可以指導小孩功課，因而將黑板功能與櫃門合併。
尺寸◆寬238.5公分、高230公分、深34公分。
材質◆實木貼皮，烤漆玻璃。
價格◆電洽。

076

078

077 依照需求劃分收納與展示櫃體比例

由於屋主夫婦有大量的收納需求，因此設計師將玄關櫃與電視櫃體結合，設計出頂天立地的高櫃，藉此放大儲物功能。利用櫃型大小的差別，讓屋主可以根據物品大小作收納分類，而高櫃內的層架也能自由調整高度，擴大了收納的彈性。善加利用電視牆與穿鞋椅銜接的轉接處，設計了三角形櫃體，有效利用畸零空間。門引的設計上採用鏤空手法，高度不一的錯落安排，使視覺感更加豐富有趣。圖片提供©穆豐設計

使用者需求◆對於收納雜物的需求較高，希望能減少展示櫃體的比例，提升收納功能性，以保持空間的整潔乾淨。
尺寸◆電視櫃：寬260公分、高220.5公分、深40公分。轉角櫃：寬52公分、高220.5公分、深40公分。穿鞋椅櫃：寬90公分、高220.5公分、深62公分。
材質◆木作噴漆、實木貼皮。
價格◆電洽。

078 集中收納牆，利用進退面減輕壓迫

六坪都會小宅為長型空間，將體積龐大的量體規劃於入口的左右側牆，搭配全室呼應的黑、白、灰設色，力求保留動線視覺上的穿透無壓。由大門往內櫃體分別為鞋櫃、電視牆與各式衣物收納櫃，白色門片與塗布灰色特殊塗料的電視牆形成自然視覺進退面，描繪空間立體輪廓。圖片提供©向度設計

使用者需求◆鞋子、衣物分門別類的收納規劃，最好能兼顧機能與空間感。
尺寸◆寬480公分、高250公分、深60公分。
材質◆系統櫃、特殊塗料、鐵件、石材。
價格◆NT.100,000元／組。

077

客廳

079 活動門板讓一櫃兩用

生活型態的轉變，讓客廳不再必須以電視爲核心，此案電視牆在兩側結合了書櫃，並規劃活動門板，可以彈性將屏幕悄悄隱藏起來，讓牆面乾淨純粹，生活也不是聚焦於視聽娛樂，而活動門板更是能隨興塗鴉書寫的黑板牆功能。圖片提供©日作空間設計

使用者需求◆不希望全家人都被電視限制住。
尺寸◆寬370公分、高240公分、深30公分。
材質◆系統板材、木作。
價格◆NT.120,000元。

079

080 揉和木質層架營造生活感

將原有三房拆除一房變成二房，客廳變得寬敞許多，利用空間充裕深度規於沙發後方規劃各種櫃體，包含兩側以系統櫃打造的高櫃，兼具抽屜形式收納，可放瑣碎的生活雜物，系統櫃體中間加入屋主偏好的溫潤木質基調，採取木作貼皮創造開放式層架，擺放音響、藝術品、書籍等等喜愛的物件，增添生活感。圖片提供©實適空間設計

使用者需求◆喜歡收藏小件藝術品、也有其他雜物的收納需求。
尺寸◆寬430公分、高270公分、深40公分。
材質◆系統板材、木作貼皮。
價格◆系統櫃NT.5,000～6,000元／尺。

080

082

081 圓弧書牆柔性劃分空間，大方展現生活層次

於客餐廳延展開來的圓弧書牆，取代了垂直牆面的銳利，溫潤的木材質地成爲展示男主人公仔收藏的背景，於層架上加做幾處開口，讓家中毛孩得以肆意遊走其上。圓弧書牆除了有展示與收納的功能，也具備作爲隔間牆的效用，其中一側圓弧面連接了女主人展示服飾的專屬更衣間，藉由拉門的設計來做靈活的區隔。此外，將居家辦公區域與書櫃牆整合，讓在家工作也能成爲享受，生活動線亦不須過度發散。圖片提供©甘納空間設計

使用者需求◆公領域需要隔間牆來區隔空間，以圓弧書牆取代方正垂直牆面，軟化空間線條，用不同的層櫃大小來區分書櫃以及展示櫃，並於層板上製作可以讓毛孩穿梭的開口。
尺寸◆寬500公分、高269公分、深公40分。
材質◆木工貼皮。
價格◆電洽。

082 玄關櫃與電視櫃整併，山型元素注入活力

原屋的主臥門恰好截斷了電視牆，使電視牆顯得侷促，因此採用隱藏門設計，讓視覺感得以延伸。電視櫃位於大門不遠處，故設置了抽屜櫃型，方便屋主入門後可以順手收放鑰匙等小型物品。中間的展示櫃設計成山型樣貌，是爲了使空間更加活潑童趣，擺脫制式正經的櫃體，而電視櫃下方預留了較多的空間，讓屋主能放置爲小孩準備收納物品的盒子，將機動性的收納也一同整併。圖片提供©穆豐設計

使用者需求◆將不同的收納需求收斂整合，釋放更多空間給其他機能，由於家中有孩童，希望櫃體設計能展現童趣感。
尺寸◆儲物櫃：寬75公分、高206公分、深40公分。電視櫃：寬182.5公分、高25公分、深40公分、離地34公分。
材質◆木作噴漆。
價格◆電洽。

081

客廳

083 取代原始牆面的穿透展示櫃

屋主夫妻二人均是在家工作的生活型態，故需要兩個不會被彼此影響的生活空間，考量原有格局，工作區域會遮蔽客廳空間的採光，因此以穿透式的展示收納櫃做爲區隔，櫃體後側可收納左右兩間的玻璃拉門，不論開啟或關閉，都不會影響客廳採光。木作開放櫃體可勝任展示功能，不論放置書籍或屬於兩人的紀念品都很合適，下方有門片遮擋的區域，則可收納使用頻率較低的物品。圖片提供©寓子空間設計

使用者需求◆希望能區隔空間，並爲客廳爭取採光。
尺寸◆寬300公分、高236公分、深35公分。
材質◆木作貼皮。
價格◆電洽。

083

084 結合蒐藏展示、書籍收納的多功能櫃牆

根據屋主蒐藏的書籍與DVD，將客廳視爲一個小型電影圖書館，利用沙發後方的牆面一道櫃牆，採用部分門片、開放層架，讓屋主可以隨興選擇是否要被展示出來，不用刻意調整順序位置，變得更好整理。最頂端的層架主要則是擺設新買的飾品或馬克杯，加設鐵棒可防止地震掉落。圖片提供©日作空間設計

使用者需求◆屋主喜歡蒐集馬克杯、小飾品，更有多達800多片的DVD以及大量書籍需要收納。
尺寸◆寬570公分、高245公分、深30公分。
材質◆系統櫃。
價格◆NT.240,000元。

084

085

085 因應不同居主者需求的收納櫃

室內設計是爲了解決使用者的需求而存在，此案屋主熱愛旅遊，累積了許多從世界各地帶回的紀念小物，希望可以在家中留一個空間，陳列旅行的記憶；同住的父母物品量多，種類繁雜，需要大量的收納空間。設計師以木紋系統板規劃上下櫃，讓父母有足夠的收納空間，中間則規劃成開放式的收納櫃，藍綠色的板材在木紋的映襯下更顯得活潑且充滿朝氣。圖片提供©時治設計

使用者需求◆熱愛旅行的屋主希望有足夠的展示空間，同住的父母因物品量多需要大量的收納空間。

尺寸◆總寬450、高235公分、深40公分。

材質◆霧面烤漆、木紋系統板。

價格◆吊櫃、矮櫃NT.4,200元／尺、開放櫃NT.4,800元／尺（價格僅供參考）。

087

087 黑白花磚凸顯優雅異國風情

因公領域已有開放中島廚房，所以這個廚房規劃主要著重在中式料理與收納需求，但在大量的櫥櫃與電器設備中，對於風格設計仍不馬虎，選擇了呼應公領域的自然風黑白花磚做防濺牆，既凸顯出優雅的異國風情，搭配上白、下藍的系統櫥櫃，清爽配色也減緩長型廚房的壓迫感，可讓滿牆櫥櫃卻不顯壓迫。圖片提供©文儀設計

使用者需求◆爲彌補公共區西式中島廚房不方便做油煙烹調的缺點，需另有獨立廚房來滿足料理機能與收納需求。
尺寸◆上櫃：寬297公分、高94.5公分、深 60公分。下櫃：寬297公分、高85公分、深60公分。電器櫃：寬60公分、高245公分、深60公分。
材質◆人造石檯面、歐化膠合框型門板、BLUM五金。
價格◆電洽。

086 和風人文書櫃成居家三螢幕工作站

爲了滿足男主人回家仍離不開電腦的工作、休閒需求，設計師於餐桌後方牆面，規劃整座以鐵件、木質、礦物漆等元素組構而成的展示書架，揉合屋主自日返台背景，點出和風人文氣息。在這裡提供簡單書籍、小物收納，同時利用較不影響動線的左下角靠牆區作爲三螢幕工作站所在地。圖片提供©築樂居

使用者需求◆能不影響平時居家使用前提下，提供男主人下班回家的三螢幕電腦桌。
尺寸◆寬280公分、高230 公分、深40公分。
材質◆鐵件、木質、礦物漆。
價格◆NT.130,000元／組。

086

089

089 擴大尺度、運用畸零空間讓廚房更實用

原本僅有一字型廚房的中古屋翻修，因應屋主料理需求加上調整過往衛浴入口規劃於廚房內的窘境，將廚房空間擴大為ㄇ字型廚具，並裝設玻璃拉門阻擋油煙。左側主要是咖啡機設備與小家電收納，家電櫃體搭配抽盤設計更加實用。右側則是洗滌、備料功能，與冰箱、爐台構成黃金三角動線，廚房上櫃則不全然做滿，局部搭配開放層架，便於收納每日使用的杯盤，也能降低視覺壓迫性。一方面利用凹角空間增設鐵件層架，既可放置各種酒瓶，同時兼具傢飾物件展示。圖片提供©實適空間設計

使用者需求◆偏好中式烹調習慣，也喜歡品酒，想要有一個能收納酒瓶的設計。
尺寸◆廚櫃：寬270公分、深35／60公分。右下櫃：高88公分、深60公分。右吊櫃：高78公分、深37公分。
材質◆系統板材。
價格◆電洽。

088 複合層格使收納更靈活

室內空間善用大面積採光的優勢，全開放設計讓客廳、書房與餐廚空間的場域呈現流動的動線，全家人因此能在公領域緊密互動毫無阻礙，沙發後方設定為複合場域同時作為餐廳及書房使用，所搭配的收納櫃也必須符合場域的多功能需求，格櫃不但要能擺放陪伴工作的喇叭和書本，還有抽屜收整用餐時所需的餐具，最下方還能放置收納籃收整雜物，完善的收納設計讓生活更井然有序。圖片提供©樂創空間設計

使用者需求◆公領域儘量寬敞，收納櫃子要能滿足複合場域的需求。
尺寸◆寬290公分、高240公分、深35公分。
材質◆木作。
價格◆電洽。

088

餐廚

090 大容量日系一字型電器櫃

設計師利用壁面空間，設計一字型的電器櫃，讓所有家電放在最適合的使用高度，讓操作起來更得心應手，上櫃爲了呼應女主人喜愛的日系風格，選用木框玻璃的松木門片，搭配上層板，陳列實際使用的物品，讓家更多了一分生活感。右側的系統櫃採堆疊的方式，充分利用高度，下方高櫃可放置大型的物品，如吸塵器、掃具等，收納量相當充足。圖片提供©時治設計

使用者需求◆希望能規劃具有收納機能的電器櫃。
尺寸◆寬240公分、高235公分、深60公分。
材質◆霧面烤漆系統板、人造石。
價格◆流理檯櫃NT.5,200元／尺、吊櫃NT.5,200元／尺、高櫃NT.6,500元／尺（價格僅供參考）。

090

091 小空間運用相同色感及材質輕巧隱藏大收納

一人居住的微型空間，捨棄天花造型在樑下利用一個軸線適當的將機能整齊俐落的修飾，延續白色板材將鞋櫃、收納櫃與電器櫃以隱藏的方式整合，爲小空間創造充足的收納量；小型中島在空間形成一個環狀動線，並且結合開放及隱閉式的收納，溫潤木作質感的層櫃適切的襯托屋主蒐藏的設計小物，也爲純白的空間增添自然的氣息。圖片提供©深活生活設計有限公司

使用者需求◆空間不大但除了日常物品的收納之外還能展示蒐藏品。
尺寸◆中島櫃：寬110公分、深75公分、高90公分。中島背櫃：寬150公分、深60公分、高240公分。材質◆系統板門片。
價格◆電洽。

091

093

093 暗藏桌機的多功能壁櫃

櫃體由進門玄關延伸整面牆，橫跨多區域因而兼具鞋櫃、展示櫃、書櫃等功能，也賦予餐桌多元使用特性；壁櫃可透過鐵網、拉門三片橫移，彈性遮蔽或展示自由調整。值得一提的是，在右側餐桌後方櫃體暗藏桌機、螢幕，使用時將石紋門片打開，立刻變身電腦檯面，滿足便利與視覺整齊雙重需求。圖片提供©築樂居

使用者需求◆充分利用空間坪效，凸顯居家人文主調。
尺寸◆寬300公分、高250公分、深50公分。
材質◆鐵網、系統櫃、玻璃、烤玻、鐵件。
價格◆NT.180,000元／組。

092 可容納不同喜好的收納櫃

由於樓板高度寬裕，因次設計了由地置頂的鐵件櫃，收納效能高的櫃體能讓一家人陳列各自的喜好收藏。由於櫃子量體較大，因而採用細鐵件來減輕視覺重量，並以柔和的米裸色系呈現。除了作爲客餐廳的收納櫃體，同時也扮演著公私領域分界的隔屏，鐵件櫃轉角結合了由客浴外拉的洗手台，讓在不同空間活動的人都能共享使用。圖片提供©甘納空間設計

使用者需求◆屋主一家人的收藏喜好各異，希望讓每個人都能均等分配到收納展示櫃位。
尺寸◆電洽。
材質◆木作噴漆、鐵件噴漆。
價格◆電洽。

092

094 廚櫃機能集中，做家事更有效率

呼應全室的黑、白、灰色調，餐廚區選用木作、大理石、與不鏽鋼爲主要架構，援引材質本身色彩、屬性爲共通元素，令整體空間協調之餘，亦能各自具備細節表情。烹飪空間以中島、左側電器櫃與不鏽鋼廚櫃爲收納集中區，更擔任烹飪機能核心，分別規劃放置電器、餐具與各項設備小物，如此一來，在洗滌、煮菜時無需來回走動，即可達到最佳效率設計。圖片提供©方構制作空間設計

使用者需求◆想以不鏽鋼打造廚櫃，各式基本家電收納順手好用。

尺寸◆電器櫃：寬60公分、高210公分、深60公分。廚櫃：寬280公分、高88公分、深60公分。

材質◆不鏽鋼、木作。

價格◆電洽。

094

095 中島電器櫃滿足廚、臥需求

開放格局的公領域配合屋主鍾愛的現代風，以深淺灰調及異材質來展現層次感，而座落在客餐廳與臥室之間的廚房則肩負了公私領域的銜接。爲此特別以一座灰色烤漆中島櫃與電器櫃過渡了臥室動線，再搭配後方灰色廚房則可滿足烹調機能；另外，收納廚房電器的柱式櫃體側面與背後均設計薄櫃提供臥室使用，將收納效率提升至最高。圖片提供©文儀設計

使用者需求◆雖然室內只有12坪，喜歡現代風的屋主仍希望能透過設計達到小而美、且具料理機能的實用空間。

尺寸◆中島：寬166公分、高84公分、深60公分。電器櫃：寬54公分、高240公分、深58公分。

材質◆中島：人造石、霧面結晶鋼烤、BLUM五金。電器櫃：霧面結晶鋼烤、BLUM五金。

價格◆電洽。

095

097

097 甜點主廚的親子互動天地

住家規劃以陪伴兩個孩子的「成長性空間計畫」爲主軸，釋出親子共讀、遊戲間，日後再依年齡發展增設隔間。由於屋主本身爲甜點主廚，擁有超多小模具、習慣利用塑膠抽屜箱存放，設計師在親子區側牆增設三座儲物抽屜櫃，深度可供箱子直接安置，讓大人在這裡一邊開發新甜點、一邊關注小朋友遊戲、閱讀，在烘焙的甜香氣息縈繞中，紀錄全家人點點滴滴。圖片提供©王采元工作室 攝影©王采元

使用者需求◆屋主爲甜點主廚，偶爾會在家開發新產品，擁有衆多小模具、工具須存放。
尺寸◆寬60公分、高226公分、深90公分。
材質◆茂系亞無甲醛波麗板、油性烤漆。
價格◆NT.88,100元／3組。

096 不只收餐瓷器皿，還能陳列美型家電

設計者透過開放式手法，將公共區域重新做串聯，一掃老屋陰暗感，也讓生活場域更爲充裕。爲了利於屋主和家人、親友能就近展開下午茶時光，餐廳對側設置了一展示收納櫃，不只收納餐瓷器皿，還能擺放各式小家電，當有需求時即可直接拿取使用，不使用時也能藉此構成室內迷人的風景。特別的是，牆面處貼設了燈籠造型的大理石磚，在白色櫃體中又看見不同的質感與層次。圖片提供©帷圓．定制circle

使用者需求◆希望能展示出自己的個人蒐藏。
尺寸◆餐櫃、收納櫃：寬315公分、高230公分、深45公分。
材質◆木作訂製櫃、玻璃、大理石磚。
價格◆餐廚櫃9,000元／尺（不含大理石磚材與貼工費用）。

096

餐廚

098 兼具童書收納的多機能餐邊櫃

廳區側邊櫃體選用鐵件、實木皮打造而成，貼牆擺放使其不影響整體環狀動線。鏤空設計的中間層板放置咖啡機、餐具等小物，方便隨手取用；下層則是預留作爲寶寶的童書書架。整座櫃體是設計好後直接交付工廠製作、再於現場組裝，減少住家噪音、粉塵問題，細節也能作進一步處理，不過需格外注意板材尺寸上的運送問題。圖片提供©築樂居

使用者需求◆在廳區有個不影響動線，輔助放置餐具、童書、展示品的機能收納。
尺寸◆寬240公分、高250公分、深40公分。
材質◆實木皮、木作、鐵件。
價格◆NT.120,000元／組。

098

099 滿足玄關與餐廳的多功能櫃

此空間玄關處緊鄰餐廳，爲了呼應空間塑造的寧靜氛圍，門板使用木作上塗料的方式爲空間增添細節。與櫃體連接的餐桌則使用與塗料顏色相近的FENIX板。多功能櫃的開放區域可作爲餐邊櫃使用，放置電器產品，下方可作爲彈性的收納空間，櫃體上方以門片遮蔽，可讓屋主收納使用頻率較低的物品，提升儲物量能。天花板處增加軟燈條，當燈光開啟時所製造的光影可賦予多功能櫃不同的樣貌。圖片提供©寓子空間設計

使用者需求◆由於玄關與餐廳區域重疊，希望擁有收納櫃、電器櫃機能的櫃體。
尺寸◆電器櫃：寬100公分、高236公分、深40公分。收納櫃：寬60公分、高236 公分、深60公分。
材質◆木作上塗料。
價格◆電洽。

099

100 善用櫃體拉齊立面帶出空間寬闊性

自入口一道長廊玄關巧妙整合電視牆，成功作爲玄關與客廳的分野，更化解原本動線不佳的問題；對應到室內餐廚區，進一步利用大面收納、展示櫃體設計，拉齊立面的同時更釋放出空間的寬闊性。左右兩側是收納櫃，可用來大型家電、物品等，因屋主有不少生活蒐藏，中間規劃爲展示櫃，添點蒐藏品於其中，形成餐廳區的端景。值得一提的是，兩側櫃體門片，設計者以兩層線板做勾勒，透出層層質感也讓整體更爲優雅。圖片提供©帷圓．定制circle

使用者需求◆需要充足的收納處以及展示區。
尺寸◆餐櫃、收納櫃：寬300公分、高225公分、中間展示櫃深45公分、兩邊收納櫃深50公分。
材質◆木作訂製櫃、玻璃、五金把手。
價格◆餐廚、收納櫃NT.10,000元／尺。

100

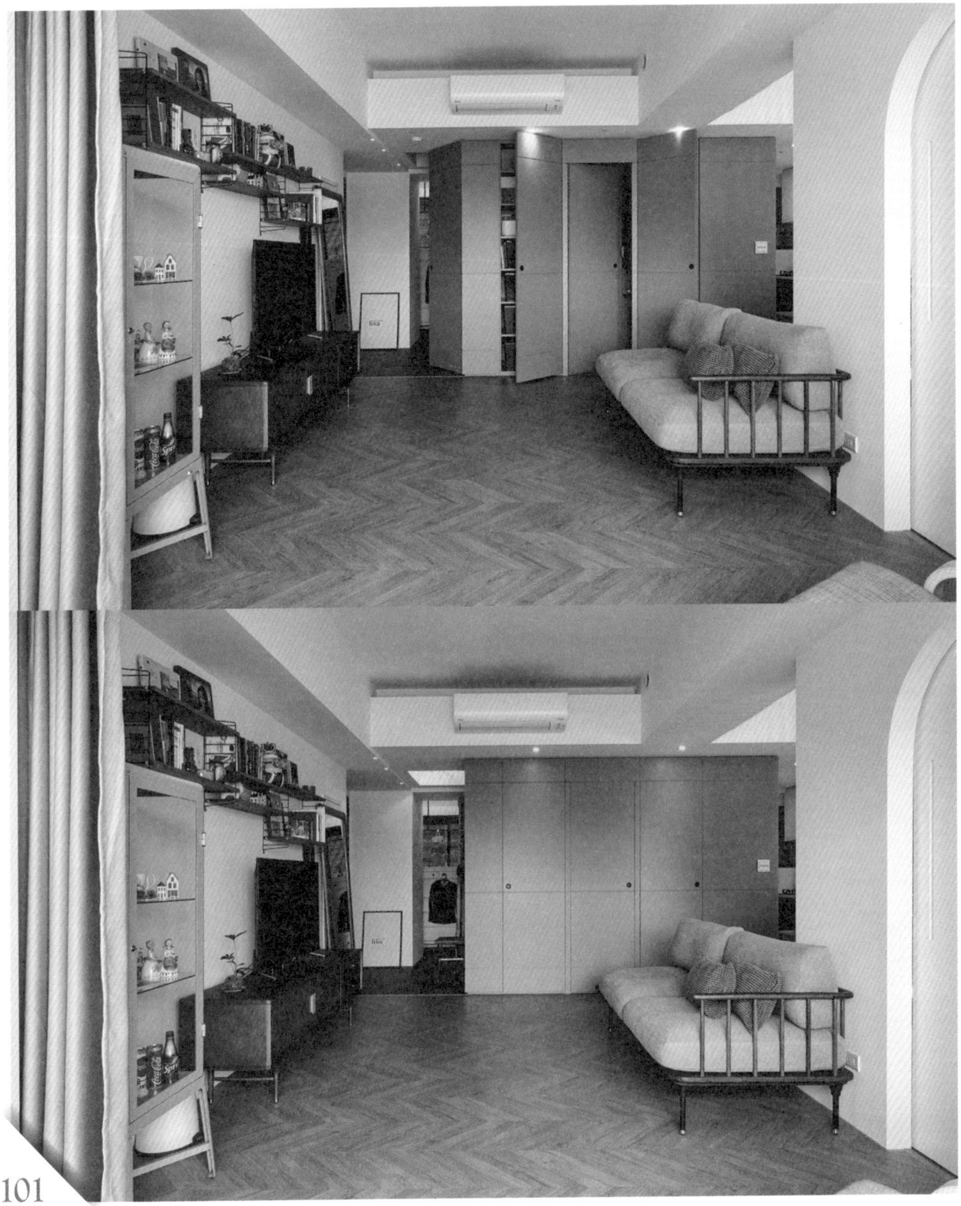

101

101 綠色櫃牆隱藏衛浴入口、冰箱

一人居住的空間，坪數綽綽有餘，但原始衛浴入口卻對著客餐廳，在避免大幅度更動格局的前提下，設計師從衛浴牆面發展一道櫃體立面，以浴室門片線條爲基準，不同的暗門底下藏著豐富儲物機能，包含層架式收納、汙衣籃、兩個收納高櫃、鞋櫃，甚至最右側牆面剛好也收整了冰箱側面深度。圖片提供©實適空間設計

使用者需求◆熱愛烘焙與料理，不想要衛浴入口直接對著廳區。

尺寸◆寬315公分、高230公分、深40／68公分。

材質◆木作烤漆。

價格◆木作高櫃NT.7,000～8,000元／尺（含烤漆、BLUM五金）。

103

103 從門片著手賦予櫃體多元機能

要如何創造兼具展示以及實用的機能櫃體？設計師從門片著手，將上下規劃爲收納區，考量到業主本身有許多公仔收藏，適合連貫的展示空間，因此將觀賞效果較好的中間區域設定爲展示區，拉門設計可阻擋灰塵堆積，同時能利用門片遮蔽收納區塊，同時滿足收納以及展示的需求。圖片提供©時治設計

使用者需求◆使用者有許多公仔收藏，希望收納櫃可兼具展示以及收納的功能。
尺寸◆寬120公分、高240公分、深 45公分／組。
材質◆木作、強化清玻璃。
價格◆NT.7,500元／尺（價格僅供參考）。

102 藍白相間，加強景深的隔間收納牆

與餐桌相鄰的隔間牆採收納展示櫃設計，把通往主臥出入口暗藏其中，門片五金裝設自動回歸鉸鏈，進出超方便。牆面混搭屋主喜歡的深藍與廳區白色主調，象徵公私領域過渡介質，深色立面櫃體具有延伸視覺、拉闊空間效果，令牆不再只是呆板平面；此外層板穿插內嵌照明，可供凸顯重點裝飾。圖片提供©拾隅設計

使用者需求◆隔間牆兼具收納功能，融入深藍設色。
尺寸◆寬444公分、深45公分。
材質◆木作、壓克力噴漆、梧桐木染白。
價格◆電洽。

102

104 美貌機能兼具，現代簡約餐邊櫃

餐廳鋪陳黑、灰、白經典設色為主調，穿插點綴鍍鈦金屬、玻璃元素，搭配石紋系統板牆，現代簡約空間盡顯低調精緻氣息；大面積木質餐桌則透過自然材質，點出大器、自在個性。餐邊櫃利用上下門片櫃妥善收納小物，令視覺保持清爽整齊，中段檯面則提供放置小家電與常用餐具，隨手拿取使用更方便。圖片提供©築樂居

使用者需求◆在餐桌旁有能放置咖啡機等小物的好收納餐邊櫃。
尺寸◆寬360公分、高235公分、深45公分。
材質◆系統櫃、鐵件、玻璃。
價格◆NT.135,000元／組。

104

105 中島串聯餐廚，機能一應俱全

此為35年的老屋，原格局動線較不流暢，經重新調整後，將餐廚位置做了位移，有效利用每一寸空間，重新整合過後的餐廚區，在結合中島機能下，有效延伸用餐烹飪的檯面尺度，也讓生活動線更加彈性。一旁電器櫃做頂天設計，一方面巧妙地將抽油煙管包覆住，另也讓廚具配色能更為一致，也正因為此，能讓讓磁磚及廚具的排列更加和諧。圖片提供©巢空間室內設計NestSpace Design

使用者需求◆重新規劃讓餐廚動線更合宜。
尺寸◆寬300＋140公分、高85公分、深60公分。
材質◆系統櫃材質、賽麗石檯面、進口電鍍玫瑰金造型把手。
價格◆電洽。

105

107

107 三區交界的轉角櫃變小吧檯

單身男屋主將這17坪房子作爲退休生活用，特別期待能住出寬鬆而流暢的生活感。爲此，將原本二房二廳的格局拆解，改爲一房及開放客、餐廚區，除了在廚房與餐廳的過道設置有電器櫃，同時在餐、廚、客廳的交界處也設計轉角櫃，用來協助餐廚雙區的收納需求，並沿著櫃子外圍架設桌板做成小吧檯，讓屋主多個煮咖啡的機能空間。圖片提供©文儀設計

使用者需求◆屋主重視精神生活面，喜歡寬鬆的住居空間感，也希望這個家可以滿足他退休長時間在家的舒適感。
尺寸◆右側收納櫃：寬125公分、高226公分、深105公分。左側電器櫃：寬60公分、高226公分、深60公分。
材質◆秋香木木皮、透明清玻璃。
價格◆電洽。

106 清水模櫥櫃門片打造鄉村LOFT風

廚房訂做的系統櫥櫃，運用類清水模的門片爲家中的鄉村LOFT風加分。材質選用美耐板，不僅抗黴亦防水好清理。後端連結早餐吧檯，搭配跳色高腳椅與古銅吊燈展示空間型格，瓦斯爐下則特地留下電器櫃放烤箱，一分一毫皆不浪費。圖片提供©寓子空間設計

使用者需求◆在小空間使用櫥櫃卻不顯得壅擠。
尺寸◆電洽。
材質◆類清水模環保低甲醛EGGER系統櫥櫃
價格◆NT.150,000元

106

108 整合鞋櫃、廚櫃，釋放自由動線

作爲面向大門的餐廚區空間，由於人口簡單，省略多餘櫃體設計，精簡動線，讓小鞋櫃、隨身包包櫃與餐廚連結，組成L型收納量體。考量到未來將擺放餐桌，周邊矮櫃收納採用側邊拉抽與設計師特製簡便抽拉五金，滿足合理預算條件之餘，將收納空間運用極致，令日常生活使用備感輕鬆。圖片提供©王采元工作室 攝影©汪德範

使用者需求◆長輩外出用品不多，活動空間盡量簡潔、好打理。
尺寸◆上下廚櫃：寬160公分、深40公分、高88公分。收納櫃：寬255公分、深30公分、高88公分、花梨木檯面高120公分。
材質◆茂系亞無甲醛波麗板、天然楓木皮、天然花梨木皮接花梨實木線板封邊、整塊天然花梨實木。
價格◆廚櫃NT.58,400元／組。收納吧檯櫃NT.76,300元／組。

108

109 用櫃體深淺爭取隨手置物檯面

將大型量體整合於一處，規劃出連結客、餐、廚的連續收納牆，透過純白、木紋等低彩度設色勾勒純淨無壓空間畫面、降低櫃體存在感。餐廳在控溫酒櫃旁，設置兩片大滑門打造的酒杯收納，方便招待賓客、自家人小酌取用；同時巧妙利用上下櫃的深淺落差，爭取小物隨手暫放檯面，左右橫移設計無須擔心東西掃落風險，爲居家生活帶來更多實用便利性。圖片提供©拾隅設計

使用者需求◆餐廚區希望能擁有充足的酒杯、雜物收納空間與檯面。
尺寸◆上拉門櫃：寬198公分、高144公分、深37公分。下收納櫃：寬198公分、高86公分、深60公分。左側收納櫃：寬120公分、高230公分、深60公分。
材質◆木作、系統櫃。
價格◆電洽。

109

110 利用色塊櫃體讓廚房成為視覺焦點

在空間有限的情況下，設計師將廚房與餐廳整合，壁面以深藍色磁磚爲基調，櫥櫃門板大膽選用藍綠色、粉色的門板跳色，凝聚空間的焦點；空間配置上安排了玻璃帷幕，可避免風水上開門見灶的問題，朦朧的視覺暗示著生活的步調，巧妙遮蔽廚房中的雜物，將視線集中於繽紛的櫃體上。圖片提供©時治設計

使用者需求◆希望廚房櫃體在收納之餘，色彩上也能更活潑有趣。
尺寸◆寬240公分、高235公分、深60公分。
材質◆霧面烤漆系統板、人造石。
價格◆流理檯櫃NT.5,200元／尺、吊櫃NT.4,200元／尺（價格僅供參考）。

110

112

112 杯盤展示櫃取代隔間，讓收藏變空間焦點

針對屋主喜愛蒐藏杯盤的嗜好，於廚房中島兩側規劃玻璃展示櫃，不僅僅讓各式杯盤成爲空間畫龍點睛的效果，同時達成屋主希望區隔又不封閉的通透空間感。玻璃門片可雙邊開啟，順手好拿取之外，也避免堆積灰塵，中島右側的櫃體主要收納各種調味料、烹調工具，下廚時打開門片就能阻擋油煙散出，平常闔起即是櫃體門，兼顧實用與美觀。圖片提供©日作空間設計

使用者需求◆擁有許多杯盤瓷器，希望能展示出來。
尺寸◆寬300公分、高245公分、深30公分。
材質◆木作貼皮、烤漆。
價格◆NT.120,000元。

111 矮櫃、懸吊層架創造機能也塑造端景

原空間在動線與收納上皆不理想，經過設計者重新規劃後，以開放式手法形塑空間，動線變得有條理，機能也更爲充足。爲化解室內銳利的稜角，以弧線造型來做回應，特別的是在開放餐廳對區，利用矮櫃、層架創造機能也形塑出端景，牆面上輔以水磨石、紳士藍色系，樹立空間重心也替整體刻畫出質感。圖片提供©帷圓．定制circle

使用者需求◆需要餐櫃、展示櫃滿足收納。
尺寸◆矮櫃：寬180公分、高90公分、深40公分。
材質◆木作訂製櫃、水磨石、鐵件。
價格◆矮櫃NT.5,000元／尺（含烤漆，不含鐵件、水磨石）。

111

114

113 鐵件層架貼飾木皮調合冷暖比例

因著屋主對於料理、泡茶與沖煮咖啡的喜好，不論油膩與否都必須使用到水槽，於是以中島水槽爲軸心，向外發散配置飲料吧檯區、料理區。吧檯下方櫃體、電器櫃顏色依循中島進口廚具做系統訂製，不僅檯面選搭胡桃木實木，鐵件層架也特意貼覆木皮，爲深色廚房增添溫暖氛圍。圖片提供©日作空間設計

使用者需求◆喜歡下廚、沖煮咖啡、泡茶。
尺寸◆下櫃：寬170公分、高90公分、深60公分。
材質◆系統櫃、鐵件烤漆、木皮。
價格◆NT.80,000元。

114 植物圖騰餐櫃成視覺中心

住家公共區域以中央收納量體爲中心，環繞遊戲區、客餐廳、廊道環繞、形成ㄇ字型動線。量體側邊作廳區收納櫃使用，後方爲獨立更衣間，三面鋪貼植物圖騰壁紙，讓住家每個角度皆能欣賞，成爲無色彩空間框架中的主視覺環景。餐廳開放層架提供咖啡機、寶寶用品、食譜書收納等，而一旁隱藏櫃則屬於吸塵器等大型家電的專用位置。圖片提供©向度設計

使用者需求◆日常頻繁使用的餐具、奶瓶消毒鍋、咖啡機能順手好拿；居家風格能活潑自然。
尺寸◆寬80公分、高230公分、深40公分。
材質◆木作噴漆、特殊漆。
價格◆NT.35,000元／組。

113

餐
廚

115 利用畸零空間創造收納櫃

在小坪數的住宅中，收納空間必定得錙銖必較，設計師利用梁下的畸零空間，創造出兼具收納與展示機能的櫃體。呼應整體空間清爽的色調，採用曲木紋的淺色門片，將上櫃與下櫃的空間遮蔽，方便屋主將物品收於櫃體之中，中層的開放櫃除了展示機能之外，亦能放置常用的物品，方便隨時拿取，同時爲餐廳區域留下呼吸空間，讓整體更有層次感。圖片提供©寓子空間設計

使用者需求◆空間有限，希望仍能擁有一個兼具收納與展示機能的櫃體。
尺寸◆寬120公分、高234公分、深45公分。
材質◆木作曲木板。
價格◆電洽。

115

116 珊瑚色櫃體點出居家特有魅力

餐廚櫃爲進家後、動線上的第一個視覺主牆，以白色、奶茶色爲主體，點綴內嵌屋主喜愛的珊瑚色層板跳色。以木作建構收納櫃骨架，鐵件則負責開放層板、珊瑚展示櫃圓弧導角等輕薄細節展現，兼具工藝與載重實用性！圖片提供©拾隅設計

使用者需求◆希望在餐廚櫃融合高飽和度色彩點綴。
尺寸◆廚櫃：寬153公分、高225公分、深40公分。珊瑚色展示櫃：寬25公分、高225公分、深40公分。
材質◆木作、烤漆、鐵件。
價格◆電洽。

116

118

117 獨立配置電器櫃，抽板式設計方便拉伸

爲了節省行走動線，將餐櫃設置在與餐桌廚房相連之處，屋主本身有不同的電器需要置放，因而在餐櫃右側特別設計了電器櫃，可以收放電鍋以及水波爐。電器櫃的層板高度設計經過量測，符合屋主身高需求，以抽板式櫃體方便拉伸使用。左側餐櫃的櫃門以圓弧導角來破除方正形象，同時軟化了空間整體線條。開放式的平台可以讓屋主放置咖啡機或者高身水壺。上方較淺的扁型層架則適合用來展示杯具或者常備藥品。圖片提供©穆豐設計

使用者需求◆希望獨立設置電器櫃，將電器與一般物品的收納分別開來。門片設計跳脫傳統方正形式，能在細微處展現巧思。
尺寸◆寬265公分、高240公分、深55公分。
材質◆木作噴漆。
價格◆電洽。

118 隱形收納成為入口一道風景

這個家一進門就是中島外廚房，藉由整齊的隱形收納設計，讓視線得以延伸、空間感覺是開闊的，灰色立面之內除了看得到的家電設備，也是豐富櫥櫃、高櫃。考量原建商配置的內廚房顏色較深，外廚房先以中性灰階調和，再搭配木皮、白色慢慢調亮，避免對比過於強烈。
圖片提供©日作空間設計

使用者需求◆希望增加電器、輕食吧檯。
尺寸◆寬180公分、高90公分、深90公分。
材質◆系統板材。
價格◆NT.80,000元。

117

119 酒櫃門片與多功能房門共用勾勒俐落空間感

依照屋主的生活習慣，將收納櫃平均配置在各個場域之中，讓生活節奏更為從容不迫，客餐廳之間所設置的門片收納櫃方便公共區域儲藏物品；由於夫妻倆人有小品紅酒的休閒嗜好，因此收納櫃中還規劃了常溫酒櫃並設有酒杯架，平時可以隨意的拿取紅酒在家愜意小酌，酒櫃利用折門五金與多功能房門共用門片，可以根據需求讓空間敞開或者關閉起來成為一個獨立空間。圖片提供©深活生活設計有限公司

使用者需求◆有品酒嗜好想要有一個方便且機能齊全的藏酒櫃。
尺寸◆酒櫃：寬130公分、高245公分、深31公分。收納櫃（備餐櫃）：寬200公分、高245公分、深40公分。
材質◆塗料門片、木皮取手。
價格◆電洽。

119

120 創意木箱組成展示櫃讓回憶與生活交疊

住宅位於充滿綠意的環境之中，空間也希望能延攬這份自然的感覺，大量日光搭配清新的空間風格，讓屋主能在開放式格局之中自在生活，公領域置入一張240公分的大長桌，讓書房與餐廳共用以爭取更多活動空間，鄰近的牆面特別以松木打造的木箱組合成櫃子，當中還隱藏一道通往小孩房的房門，使整個牆成為一面展示生活點滴的完整背景。圖片提供©樂創空間設計

使用者需求◆希望空間收納能回應環境，同時展示生活蒐藏。
尺寸◆寬335公分、高260公分、深35公分。
材質◆木作。
價格◆電洽。

120

122

122 複合材質櫃體為公領域營造豐富視覺層次

公領域從客廳延展到餐廳及廚房，利用複合材質組成的牆面櫃對應主要空間的展示及收納需求，上半部玻璃展示櫃以精緻的五金固定，搭配燈光呈現出輕盈俐落的畫面，同時透出背牆雅緻的米白石材鋪面，使空間整體質感更爲一致，下半部隱閉式收納櫃巧思的延伸與熱炒區門片交錯，創造視覺的延續性與層次感。圖片提供©奇逸空間設計

使用者需求◆櫃子要能漂亮的襯托杯子等逸品蒐藏同時兼具收納餐廳區的餐具。
尺寸◆上櫃：寬257公分、高149公分、深35公分。下櫃：寬308公分、高88公分、深35公分。
材質◆玻璃、木作貼皮。
價格◆電洽。

121 L型餐櫃增加儲藏，分類收納物品更方便

爲了改善廚房一字型櫃體，收納功能不敷使用的缺陷，利用內凹空間設計了L型餐櫃，並將餐桌外拉到與客廳相連的公領域。L型餐櫃藉由面相的方位來區分收納的物品種類，面向廚房的高櫃安裝玻璃門片，可放置碗盤餐具，下方的抽屜式櫃體則可以收納雜物乾貨。餐桌一側的櫃體採取開放式設計，適合放置常用的小型家電，，同時具備展示功能，讓屋主可以隨心情更換擺設，成爲妝點公共空間重要的一角。圖片提供©禾光室內裝修設計

使用者需求◆原始廚房空間狹小，唯一的一字型櫥櫃沒有足夠的收納空間，需要另外設計餐廚櫃體提升收納功能。
尺寸◆餐櫃：寬191公分、高210公分、深42公分。電器櫃：寬182公分、高210公分、深42公分。
材質◆木作噴漆。
價格◆電洽。

121

123

123 利用櫃體整合隱藏門片，機能美感雙贏

僅有22坪的小宅，將格局做了些微調整，不但讓兩個小朋友擁有各自的房間，公共廳區也放大了空間感。同時將兩小孩房、衛浴門片隱藏整合在櫃體之內，使立面完整、俐落，局部開放層架帶入鍍鈦增加細緻度，並烤漆處理草綠色調，與廚房的溫暖磚紅色相互搭配更爲協調。圖片提供©FUGE GROUP馥閣設計集團

使用者需求◆希望公共空間可以大一點，多一些收納機能。

尺寸◆寬185公分、高220公分、深45公分。

材質◆木作烤漆、鍍鈦鐵件。

價格◆NT.110,100元。

125

125 餐廚櫃體連成一體，擴大室內空間感

原屋室內爲長型空間，希望能減少壁面的阻隔，讓視野得以開闊延展。將餐櫃與廚櫃整併於牆面，藉此釋放空間擺放餐桌。左側餐櫃融入了電器櫃的設計，設置於上層櫃體，此高度在使用上更加省力與方便。門板式櫃體的層板可自由調整高度，可讓屋主放置雜貨乾物；而在及腰的高度預留開放式檯面，適合擺放咖啡機等小型電器，上方的斜角櫃體設計增加了空間線條的活潑度。放置碗盤的抽屜式櫃體則安排在瓦斯爐下方，有效減少了烹調中的行走動線。圖片提供©穆豐設計

使用者需求◆保持長形空間的開闊性，減少視覺組閣，將餐廚收納櫃整併於牆面，釋放空間製造流暢動線。
尺寸◆餐櫃：寬145公分、高216公分、深60公分。冰箱上櫃：寬75公分、高31公分、深60公分。
材質◆實木噴漆。
價格◆電洽。

124 就近中島設置餐櫃，節省行走距離更方便

位於書房旁的餐廳區，大幅使用了木質元素使空間更顯簡約俐落，於餐桌旁設置中島，有效節省行走動線。於中島旁設置餐櫃，讓屋主擺放常用的碗盤杯具，於中間預留了開放式檯面，可放置咖啡機以及水壺等較高的物品。餐櫃上方採用玻璃櫃門，可提供屋主展示漂亮的杯子，同時防止其掉落損壞。圖片提供©禾光室內裝修設計

使用者需求◆希望能讓行走動線更加流暢，因而將中島、餐桌、以及餐櫃整合於一區，餐櫃左方連結玄關外衣櫃以及鞋櫃，櫃體的連結同時也讓公區域擁有更寬敞的空間。
尺寸◆寬165公分、高195公分、深60公分。
材質◆木作噴漆、玻璃、木作。
價格◆電洽。

124

126

126 釋放局部隔間爭取獨立電器櫃機能

這是一間熟齡住宅，原有餐廚空間有限的情況下，將部分主臥隔間釋放作爲電器櫃，爲兼顧年長者的操作使用，電器櫃寬度設定約爲80～90公分，一層約可放置兩台獨立型小家電，在好拿取的高度下至少可收納四台，就無需彎腰使用。除此之外，採用折門設計又能避免遮擋通道動線，門片延續壁面的mortex礦物塗料，自然內斂又柔和。圖片提供©FUGE GROUP馥閣設計集團

使用者需求◆習慣使用獨立型家電，希望要順手好操作。

尺寸◆寬90公分、高235公分、深55公分。

材質◆木作、mortex塗料、油漆打底。

價格◆NT.57,500元。

128

128 電器櫃外拉至餐廳，加裝層架滿足展示

將餐櫃與廚櫃分開設置，可以使收納在分類上更加明確，爲了讓屋主於盛飯時有更加流暢的動線，將電器櫃一併外拉與餐櫃結合。餐櫃中段的開放式層架分爲兩層，上段矮櫃可展示屋主收藏的杯子，且由於深度較淺，釋放了更多空間給下方平台，讓屋主可以擺放機身較高的咖啡機或者磨豆機。餐桌旁的牆面上加裝了展示層架，除了可以做爲書架使用，也能放置飾品妝點餐廳，爲用餐氛圍加分。圖片提供©穆豐設計

使用者需求◆屋主本身有收藏杯子的習慣，因此需要開放式層架來做展示；希望能將電器櫃外拉至餐廳，省去於廚房來回盛飯的路線。
尺寸◆寬155.5公分、高230公分、深55公分。
材質◆木作噴漆、實木貼皮。
價格◆電洽。

127 將廚房外拉與中島並行，整合電器櫃讓空間更寬敞

經由老屋重新改造的空間，將原本位於內凹區域的廚房向外拉，與中島形成雙一字型的動線，方便屋主於烹調時靈活轉換工作方向。考量到家中有年幼的小孩，因此於轉角處做了圓弧設計，讓行走更加安全。雙一字型的餐廚櫃體規劃，有效的將電器櫃整合在一起，也縮小了櫃體於公領域中占用的空間。櫃門採用暗渠手設計，讓櫃體的視覺感更顯簡約俐落，妥善分配收納式櫃體以及展示型櫃體，讓屋主根據需求靈活運用。圖片提供©禾光室內裝修設計

使用者需求◆屋主希望能有開放式廚房，且優化餐廚空間動線，因此規劃雙一字型櫥櫃，將收納需求一併整合。
尺寸◆寬165公分、高226公分、深65公分。
材質◆木作噴漆。
價格◆電洽。

127

129

129 半圓把手設計簡化線條

一人一犬的居住空間，屋主生活其實很簡單，會自己準備早餐、泡茶或是沖煮咖啡，也喜歡品酒，從電器櫃一側延伸發展飲品、小家電類專屬吧檯，四格抽櫃體收納茶包或是各種咖啡用具，半圓把手設計往上、往下都能開啟，減少過於繁複的線條，與復古磁磚搭配更爲協調。圖片提供©FUGE GROUP馥閣設計集團

使用者需求◆喜歡沖煮咖啡、品酒，也會自己做簡單料理。

尺寸◆電洽。

材質◆木工貼皮、油漆染色。

價格◆電洽。

131

131 雙層書櫃加強收納，玻璃櫃門滿足展示需求

由於屋主本身非常喜歡收藏公仔模型，也有許多藏書，爲了提升收納功能，在餐廳區設計了環繞式的櫃體書牆。中島後方的櫃體爲雙層書櫃，利用格柵木門做局部遮蔽，藉此隱藏後方的開放式書櫃，維持視覺的整潔性。餐桌旁的玻璃門櫃體則可以讓屋主展示公仔收藏，故而特地在內部設置燈條提供照明。圖片提供©禾光室內裝修設計

使用者需求◆基於有收藏模型的嗜好，對於展示功能的櫃體有較高的需求。
尺寸◆寬278公分、高240公分、深70公分（雙層）。
材質◆實木貼皮。
價格◆電洽。

130 簡約童趣的北歐風餐櫃

此屋本身坪數不大，起初難以規劃出餐廳區域，設計師藉由將餐櫃與玄關櫃合併相連，成功製造出轉角空間來定義餐廳區。櫃體以白色與木頭材質爲基調，扣合室內的北歐簡約風格，藉由將門片做成手指餅乾的造型，爲空間注入童眞趣味的氣息，也成爲視覺焦點之一。櫃門的高度設計，刻意配合屋主所挑選的餐桌高度，桌面以上的櫃子安排放置常用物品，下方高櫃則建議收納極少取用的雜物。圖片提供©穆豐設計

使用者需求◆原屋空間尺度不大，需要重新劃分出餐廳區域。
尺寸◆寬182公分、高236公分、深55公分。
材質◆實木噴漆、貼皮。
價格◆電洽。

130

132 撞色雙層櫃可收電器、展示也是隔間

進門後的餐廳區域，其實面臨結構柱體問題，藍色立面就是柱子，藉由櫃體設計巧妙隱藏，並融入屋主喜愛的圓弧線條與粉色作出撞色搭配，左側圓弧門片內是直立式吸塵器專屬收納區，中間開放層櫃深度約莫60公分，闔起來的門片裡面放置了電視機，局部則提供相鄰臥房使用。圖片提供©FUGE GROUP馥閣設計集團

使用者需求◆喜歡圓弧線條，也收藏許多當代藝術品。
尺寸◆電洽。
材質◆木工貼皮、油漆染色。
價格◆電洽。

132

133 巧思運用燈光弱化高櫃前後落差

線條簡約的18坪單人住宅，以開放設計將客廳、餐廳和廚房構成一個休憩式的公領域，由於屋主的東西不多因此收納需求不高，僅利用一面高櫃集中收整零散物件，同時在規矩的高櫃牆帶入由鐵件打造的收納櫃，鮮明的黃色讓空間感更為活潑。另外鞋櫃受到大門位置的限制必須略為內退，利用燈光模糊鞋櫃與高櫃之間的深淺落差。圖片提供©懷特設計

使用者需求◆小坪數空間有限大門位置限制鞋櫃深度。
尺寸◆寬260公分、高210公分、深45公分。
材質◆木作。
價格◆電洽。

133

134 黑烤漆鐵板打造男孩個性化收納空間

天花板和牆面利用木作框體包覆消弭樑柱，卻略微壓縮到書桌深度只剩60公分，採用L型轉角設計則能增加使用範圍，書櫃跳脫制式印象以黑色鐵件烤漆打造來呼應男孩房的個性，木作背牆也能給予質感上的平衡讓臥房不會過於冰冷生硬，書櫃中加入2種尺寸及深度的藍色箱型收納櫃，滿足單人臥房的各種收納需求。圖片提供©奇逸空間設計

使用者需求◆有較多展示及書本需要收納，希望能有獨特造型的櫃子。
尺寸◆密閉書櫃（小）：寬88公分、高105公分、深37公分。密閉書櫃（大）：寬88公分、高165公分、深50公分。
材質◆木作烤漆、鐵片烤漆。
價格◆電洽。

135 L型衣櫃滿足收納亦突顯樓高優勢

屋主喜歡完全開放式的衣櫃，在臥床區旁邊設置了L型全開放掛衣區，此座L型的收納櫃爲收納換季衣物及寢具的收納櫃，也藉此櫃體將視覺比例延伸，強化樓高充足的優勢。上櫃作爲換季大型衣物的擺放，下層抽屜櫃則可用來收放爲較爲瑣碎的貼身衣物等。L型櫃所延伸出的檯面剛好兼做作爲梳妝檯使用，左下角的開放格爲換洗衣物籃放置區，目的在於走進左方衛浴前，即可脫換衣物讓放置在乾區，無須再把衣物堆在衛浴較潮溼的空間中。圖片提供©巢空間室內設計NestSpace Design

使用者需求◆擁有方便收納換季衣物的櫃子。
尺寸◆寬240公分、高75公分、深60公分。
材質◆系統櫃材質、緩衝絞鍊、滑軌。
價格◆電洽。

135

136 沿水平軸線變出一整面衣物收納櫃

格局中有一道橫梁經過，於是沿水平軸線規劃出一整面衣物收納櫃，滿足屋主置物的需求。吊衣區適合各種衣物的收納，就算大衣、one-piece洋裝等也有空間擺放，下方則還配有抽屜區，方便收納不同類型、各式季節的衣物。爲了讓櫃體帶點變化，一旁利用鐵件規劃了層格櫃，用來收納各式穿搭配件、包包等，再利用長虹玻璃作爲門片美化視覺。圖片提供©帷圓・定制circle

使用者需求◆擁有大面衣櫃，滿足衣物、配件的擺放。
尺寸◆收納櫃：寬270公分、高240公分、深60公分。層格櫃：寬45公分、高240公分、深60公分。
材質◆木作訂製櫃、清玻璃、鐵件、長虹玻璃。
價格◆層格櫃NT.9,500元／尺（含鋁框、玻璃）。

136

138

138 訂製臥榻＋衣櫃讓小臥房也能有大收納

僅有2坪的小孩房如果放入單人床就很難有足夠的衣櫃位置，走道也會過於壓迫，爲了有效利用坪效就以訂製臥榻取代單人床，再搭配系統櫃架構的衣櫃，創造充足的空間來滿足吊掛和折衣的收整，機能上除了隱閉式的櫃子，部分也規劃開放式櫃子來展示小朋友學校的作品成果；也充分運用天花空間作收納，整理一些較少使用的物件。圖片提供©樂創空間設計

使用者需求◆空間很小想要滿足學齡小孩收納及學習需求。
尺寸◆寬325公分、高228公分、深60公分。
材質◆系統板材。
價格◆電洽。

137 隱藏式收納輕鬆維持簡潔

屋主喜歡簡單乾淨的主臥空間，因此利用頂天的開門衣櫃簡化櫃體的線條感，另外考量到女屋主的保養品和化妝品很多，在梳妝檯的左側設計收納位置，讓女屋主能輕鬆保持桌面整潔不會堆放物品，最後再以金屬拉門修飾維持立面整齊一致的視覺感；靠近窗戶的地方有一道天花樑，以鏡面門片隱藏後方櫃子同時也延伸空間視覺。圖片提供©懷特設計

使用者需求◆很多瓶瓶罐罐但想要維持極簡空間感。
尺寸◆寬260公分、高240公分、深60公分。
材質◆系統櫃、鐵件。
價格◆電洽。

137

139 木皮X白櫃共構日式無印風

考量僅一人居住，加上希望讓室內有更通透的採光，除了將二房格局改為一房外，臥室與公領域的隔間牆也改為長虹玻璃拉門，平日打開可讓公、私領域都更寬敞無阻。為滿足收納需求，將床後樑下以木貼皮設置床頭櫃，並以櫃門分割線營造細緻、優雅的日式風格，而床邊牆櫃則用白色門片降低壓迫感，再以頂天設計來創造出更大容量。圖片提供©文儀設計

使用者需求◆喜歡無印風的單身屋主，除了希望住居能有通透明亮的空氣感外，也期待有簡潔又具大容量的收納設計。
尺寸◆寬275公分、高260公分、深 40公分。
材質◆秋香木木皮。
價格◆電洽。

139

140 開放更衣區與主臥共享天光

為了不辜負主臥難能可貴的大面開窗，捨棄封閉更衣室規劃，將衣櫥融入寢區空間中，開放設計徹底放大空間視覺，能夠更有餘裕地在休憩時享受日光與美好景致。由於屋主興趣多元，擁有滑雪、露營、登山等各式各樣裝備與衣物，設計師利用不同厚薄、尺寸，分門別類收納規劃。入口附近的匚型開口裝設懸掛橫桿與平台，提供常穿外出服或汙衣暫放角落。圖片提供©方構制作空間設計

使用者需求◆將滑雪、露營、登山等專用衣物分類收納。
尺寸◆寬300公分、高245公分、深60公分。
材質◆系統櫃。
價格◆電洽。

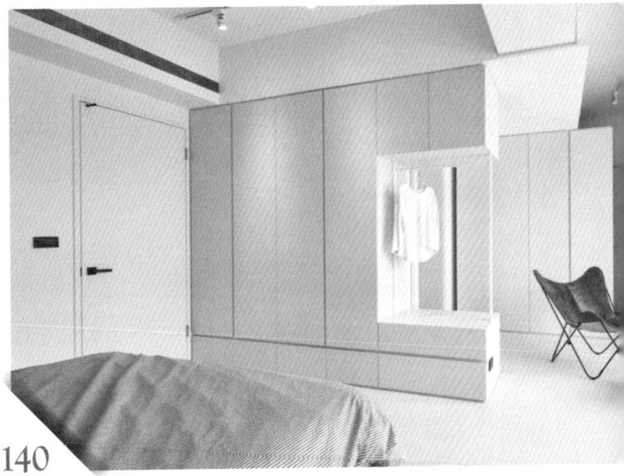

140

141 結合化妝台與衣物收納櫃

利用色塊的拼接，將化妝台與衣物收納櫃巧妙連結在一起，也是個值得學習的設計手法。設計師將牆面區塊的3／4作爲衣物收納的空間，選擇可可色的系統版，與五金手把搭配，化妝台使用霧灰色的系統版從左延伸至櫃體，讓功能不同的傢具巧妙結合，視覺上也更有層次感。圖片提供©寓子空間設計

使用者需求◆屋主本身衣物量多，需要大型的收納櫃體容納衣物。
尺寸◆寬300公分、高234公分、深60公分。
材質◆系統櫃。
價格◆電洽。

141

142 櫃體巧妙整合化解牆柱高低差

學齡小孩房的收納規劃除了衣物之外也要思考到書本的收整，臥房的牆面有一道無法避開的柱體，因此以標準衣櫃深度60公分為基準，在柱體左右兩側置入衣櫃，再利用柱體較淺的位置規劃書架，展示型的書架的擺放方式方便小朋友將書本整理歸類，最左側的位置則崁入書桌，將來也能跟據需求作為化妝桌使用。圖片提供©懷特設計

使用者需求◆牆面卡一道大柱體，但同時想要有衣櫃和書櫃。
尺寸◆寬250公分、高217公分、深60公分。
材質◆木作。
價格◆電洽。

142

143 白牆般無把手櫃降低壓迫感

對於小住宅來說，難以找到餘裕空間來另闢更衣間，因此，主臥室所有能利用的牆面幾乎都會被拿來設計為櫃體。為了提升收納量與好用度，除了拉高櫃體做頂天設計，內部則設吊衣層、抽屜櫃、層板，以及櫃中櫃來幫助分類、滿足各式需求；至於外觀則選用白色門板搭配無把手設計，讓櫃門關上門後有如白牆能保有清爽無壓迫感。圖片提供©文儀設計

使用者需求◆無法另作更衣間的臥房需要相當量能的收納空間，但又擔心過多櫥櫃讓空間壓力上升。
尺寸◆右牆衣櫃：寬225公分、高285公分、深60公分。左牆衣櫃：寬55公分、高285公分、深60公分。
材質◆栓木木皮噴白、胡桃木木皮。
價格◆電洽。

143

144

144 寢區機能櫃導引動線

私密寢區以灰、白主色與藍穿插點綴，搭配大片玻璃隔間，打造現代冷調的靜謐氛圍。收納量體從化妝壁櫃、多功能平台延伸衣櫃區，一連串輔助機能隨著動線走、靠壁貼齊，卸妝、更衣、沐浴甚至臨時加班，通通能在這裡搞定，一致的造型設色令視覺上更俐落整潔。圖片提供©方構制作空間設計

使用者需求◆在有限空間中規劃出梳妝台、書桌、衣櫃、吊衣桿等多元機能。

尺寸◆衣櫃：寬235公分、高70公分、深55公分。化妝品櫃：寬350公分、高105公分、深18公分。

材質◆木作、系統櫃。

價格◆電洽。

145 用色塊連結天花、減輕壓迫感

主臥空間有限，捨棄傳統床頭櫃設計，將櫃體挪移至床尾，打造灰、白色調機能牆面。其中灰色代表立面的設定高度，頂端收納櫃則與天花結合、塗布純白表面，擴增收納之餘，打破整面收納牆壓迫感、凸顯上方量體輕盈視覺。此處除了雜物收整，另外規劃狗狗進房同睡的專屬小窩，與剛回家未換下衣物能短暫休憩、簡單處理各項事務的偷閒獨處角落。圖片提供©拾隅設計

使用者需求◆除了充足收納設計，還要有能放置狗窩、短暫休憩角落。
尺寸◆灰色系統衣櫃：寬109公分、高144公分、深55公分。休憩區上櫃：寬153公分、高70公分、深40公分。休憩區矮櫃：寬27公分、高85公分、深40公分。天花收納櫃：寬253公分、高53公分、深55公分。
材質◆木作、鐵件、系統櫃。
價格◆電洽。

145

146 內嵌色塊抽屜增添設計感

主臥空間中，整合床尾櫃與化妝台於同一立面，減少零碎櫃體阻礙動線，保持寢室視覺乾淨舒適。收納區主要採用系統櫃設計，運用純白板材內嵌於木色櫃中，作為小件衣物收納使用，亦為方正量體帶來變化性。左側化妝檯面與門片齊平，保留足夠面積使用，上方吊櫃則作退縮處理，避免深櫃儲藏化妝小物造成拿取不便。圖片提供©拾隅設計

使用者需求◆要有充足衣物收納空間，與平時方便使用的化妝台。
尺寸◆衣櫃：寬200公分、深60公分。梳妝台寬70公分、深60公分。梳妝台上櫃寬90公分、深35公分。
材質◆系統櫃。
價格◆電洽。

146

147

147 帶有透視感的衣櫃

位於主臥的衣櫃，承載了大量的收納機能，依據業主習慣以吊掛衣物爲主的收納習慣，結合對玻璃元素的喜好，最終實現了這座帶有穿透感的衣物收納櫃。設計師採用霧面玻璃，從外可清楚辨識顏色，但卻不會有清玻璃般一眼看透的雜亂感，門片下方內部空間並無多餘的隔板，採用留白的方式，爲衣櫃空間保留更多彈性，業主選擇放入自購的收納櫃，讓使用上更貼合自己的工作習慣；上方櫃體可收納換季衣物與被褥，讓空間充分利用。圖片提供©寓子空間設計

使用者需求◆不想要傳統衣櫃，希望有玻璃元素，可靈活安排衣物收納。

尺寸◆寬240公分、高240公分、深60公分。

材質◆木作烤漆、玻璃。

價格◆電洽。

148

148 展示櫃體藏下掀床鋪

考量屋主女兒僅偶爾回家居住，將空間設定爲彈性多元功能，既能當臥房也可以是和室、休憩區等等，因此利用一進門、擁有絕佳窗景的角落闢出多功能房，串聯綠意、帶進陽光，並結合粉嫩可愛轉角磚的展示櫃，打開下面櫃體其實隱藏側掀單人床架，深度約莫40公分左右的尺度，內部還可以規劃格櫃放置各種收藏品。圖片提供©FUGE GROUP馥閣設計集團

使用者需求◆偶爾才會回家居住，不需要一般正規的臥房。
尺寸◆電洽。
材質◆木工、磁磚。
價格◆電洽。

149 利用幾何線條與壁面的收納櫃

考量到臥室空間有限，設計師利用牆面，以幾何的線條切分空間，使用不同色階的灰跳色，錨定視覺，使空間有量點卻不會過於厚重。臥榻上方以淺色色塊區隔實際的使用空間，櫃體預留25公分的深度，可隨著房間主人不同的成長階段，增加藏書的收納。沒有多餘的間隔的櫃體設計，為使用上更添靈活性。圖片提供©寓子空間設計

使用者需求◆希望在臥室有限的空間內擁有展示空間。
尺寸◆寬250公分、高236公分、深25公分。
材質◆木作噴漆展示櫃。
價格◆電洽。

149

151

151 分離收納櫃化解床頭壓樑還能收納冬被

臥房天花板有一道明顯的樑，爲了避開床頭因此在樑下牆面設計造型櫃，採用上方收納櫃和下方床頭櫃的形式，刻意脫開不做滿的櫃體設計讓簡單造型不呆板，同時弱化大型量體在臥房可能形成的壓迫感，上掀式的床頭櫃有足夠的空間收整冬季較厚的棉被枕頭，櫃子上方的還能作爲平台放置鬧鐘書本等小物。圖片提供©奇逸空間設計

使用者需求◆睡床不要在天花樑正下方，同時有足夠空間收納換季眠被。
尺寸◆上櫃：寬312公分、高76公分、深44公分。床頭櫃：寬298公分、高110公分、深44公分。
材質◆木作上藝術漆。
價格◆電洽。

150 結合藤編元素的衣櫃

藤編的元素能爲空間注入一股天然感，設計師利用色系與材質的統合，讓衣櫃融入主臥室的整體空間中，下方以籐編木作作爲抽屜櫃的門片，與藤編材質的床頭板相互呼應；上方櫃體門片則選擇與主牆漆色相近的系統門片，簡化線條歸納顏色，使整座衣櫃不僅具有收納功能，更有把小空間放大的視覺效果。圖片提供©寓子空間設計

使用者需求◆主臥室空間需要有可以收納衣物的櫃體。
尺寸◆寬140公分、高220公分、深60公分。
材質◆系統櫃、藤編木作。
價格◆電洽。

150

152

152 木質屋型書櫃營造孩房童趣感

小孩房以活潑的藍綠配色為基調，為了展現童真氛圍，將書桌上方的吊櫃設計成房屋造型，破除正規的櫃型，頓時為空間注入活力。吊櫃的高度設計配合孩子身高，保持在方便拿取的高度。為了讓孩子在成長過程中學會自己收拾摺疊衣物，特地設計了底部抽屜櫃，因為開闔上較不費力，因此相較於門板式櫃體更適合小孩使用。

圖片提供©穆豐設計

使用者需求◆為小孩設計出一間具有童話氛圍的專屬房間，且希望能讓小孩從小習慣自行摺疊衣物。

尺寸◆房子書櫃：寬110.5公分、高116公分、深35公分。衣櫃：寬120公分、高240公分、深60公分。

材質◆木作貼皮、木作噴漆。

價格◆電洽。

154

154 玻璃門片既輕盈又有通透性

身爲無印控的屋主，早已習慣使用收納盒整理衣服，因此主臥房衣櫃僅配置一組吊桿，其餘空間則預留讓屋主能直接推入收納盒使用，櫃體立面搭配小冰柱玻璃拉門，配上白色鐵件細框架，增加視覺通透性，也更顯輕盈。圖片提供©FUGE GROUP馥閣設計集團

使用者需求◆希望衣櫃關起來之後，也能隱約看到衣服的顏色。
尺寸◆寬390公分、高250公分、深60公分。
材質◆木工、鐵件、玻璃。
價格◆NT.139,050元。

153 釋放衣櫃空間做彈性收納

仿效日式櫃體的作法，將衣櫃與儲藏櫃的功能相互結合，雖然櫃門維持在240公分高，內部比一般衣櫃多出了30公分的上方空間可以做雜物的收納，大幅增加了收納的彈性。此外，由於屋主捨不得丟棄原有的五斗櫃，因此衣櫃內部也沒有加裝層架，可以讓屋主將五斗櫃放置其中，保留原有的收納習慣，亦可根據需求的轉換改變內部櫃體組合。圖片提供©穆豐設計

使用者需求◆希望加大衣櫃內部空間，讓收納可以更有效率以及更有彈性。
尺寸◆衣櫃：寬328.5公分、高260公分（門板：240公分）、深75公分。
材質◆實木貼皮、噴漆。
價格◆電洽。

153

155 大片純白櫃融入壁面，降低存在感

全開放式住宅徹底釋放原本受到實牆侷限的採光，大面積的白色渲染地、壁空間，光線無窒礙地照亮每個角落，再也無需煩惱哪區才能享有最佳自然光源！寢區空間合併親子床鋪，利用立體骨架搭配布簾作彈性遮蔽、開放使用。一家三口的衣物收納規劃爲整面牆的門片櫃設計，提供充足、好整理的收納大容量，延伸全室白調降低存在感；衣櫃側邊與小孩床相鄰處，更預留寬48公分、深25公分的床頭小洞，方便小女孩放置隨身小物。圖片提供©方構制作空間設計

使用者需求◆提供一家三口充足的衣物收納空間。
尺寸◆寬310公分、高225公分、深60公分。
材質◆木作烤漆。
價格◆電洽。

155

156 將上下櫃體與床組整併，增加收納效能

爲了解決臥房內收納空間不足的問題，加上床組的位置恰好在結構樑下方，故設計師利用L型折板設計了弧形天花，藉此弱化樑柱的壓迫感。於床頭櫃設計了上下櫃的收納規劃，上方採用門板式櫃體，結合下方上掀式櫃體，明確區分可收納的物品種類。中間預留的空間除了保留櫃門上掀空間以外，也能讓屋主擺放飾品妝點臥房。圖片提供©禾光室內裝修設計

使用者需求◆臥房坪數較小，但又希望有充足收納機能。
尺寸◆床頭櫃：寬286公分、高235公分、深30公分。
化妝桌櫃：寬120公分、高235公分、深40公分。
材質◆木作噴漆、木作貼皮。
價格◆電洽。

156

157 畸零空間設置層櫃，物品各有所歸

衛浴空間裡有根柱子矗立，且後方剛好爲管道間，在有限空間之下，設計者依據柱子與管道間所形成的畸零空間設置層櫃，上方規劃爲鏡櫃，正面僅放鏡子，櫃體則移至側面，不影響行走又不佔空間；下方爲洗手槽櫃體，不只有效收納水槽管線，所延伸出來的抽屜、層格則可用來擺放相關生活備品。圖片提供©帷圓・定制circle

使用者需求◆浴室各物品能輕鬆收納、取用。

尺寸◆鏡櫃：寬60公分、高80公分、深20公分。洗手槽櫃體：寬60～80公分、高85公分、深45公分。

材質◆木作訂製櫃、鏡面、五金把手。

價格◆鏡櫃NT.3,000元／尺、洗手槽櫃NT.5,000元／尺。

157

158

158 量身打造雙向收納俐落收整衛浴瓶罐

現代化衛浴收納在功能之外更需要兼具美感，考量到屋主使用習慣，盥洗枱下櫃除了基本規劃還特別脫開中段位置來放置毛巾，而馬桶旁由不鏽鋼打造的收納位置則暗藏巧思，下半部內凹處朝外可以放置垃圾桶，中間崁入的木製衛生紙盒上方平台還能放置手機，上半部內凹處朝向淋浴間，可以俐落的收整沐浴用的瓶瓶罐罐。圖片提供©奇逸空間設計

使用者需求◆衛浴收納能就手好用還要簡潔美觀。
尺寸◆電洽。
材質◆木作、不鏽鋼。
價格◆電洽。

159 裝飾燈櫃體包覆樑柱營造氛圍也滿足照明

乾濕分離的獨立馬桶間，因爲樓高的限制加上廁所壁面上有一隻大樑，因此製作裝飾櫃體包覆，並在裡面暗藏光源與天花燈光作爲空間主要照明，和下方收納櫃也做出俐落的視覺整合；下櫃除了能收整衛浴備品還特別規劃枱面，方便放置使用廁所時習慣看的書本和手機，滿足廁所的機能需求。圖片提供©深活生活設計有限公司

使用者需求◆衛浴能在收納機能外還能帶入一些氣氛。

尺寸◆寬107公分、深35公分、高52公分。

材質◆系統板門片。

價格◆電洽。

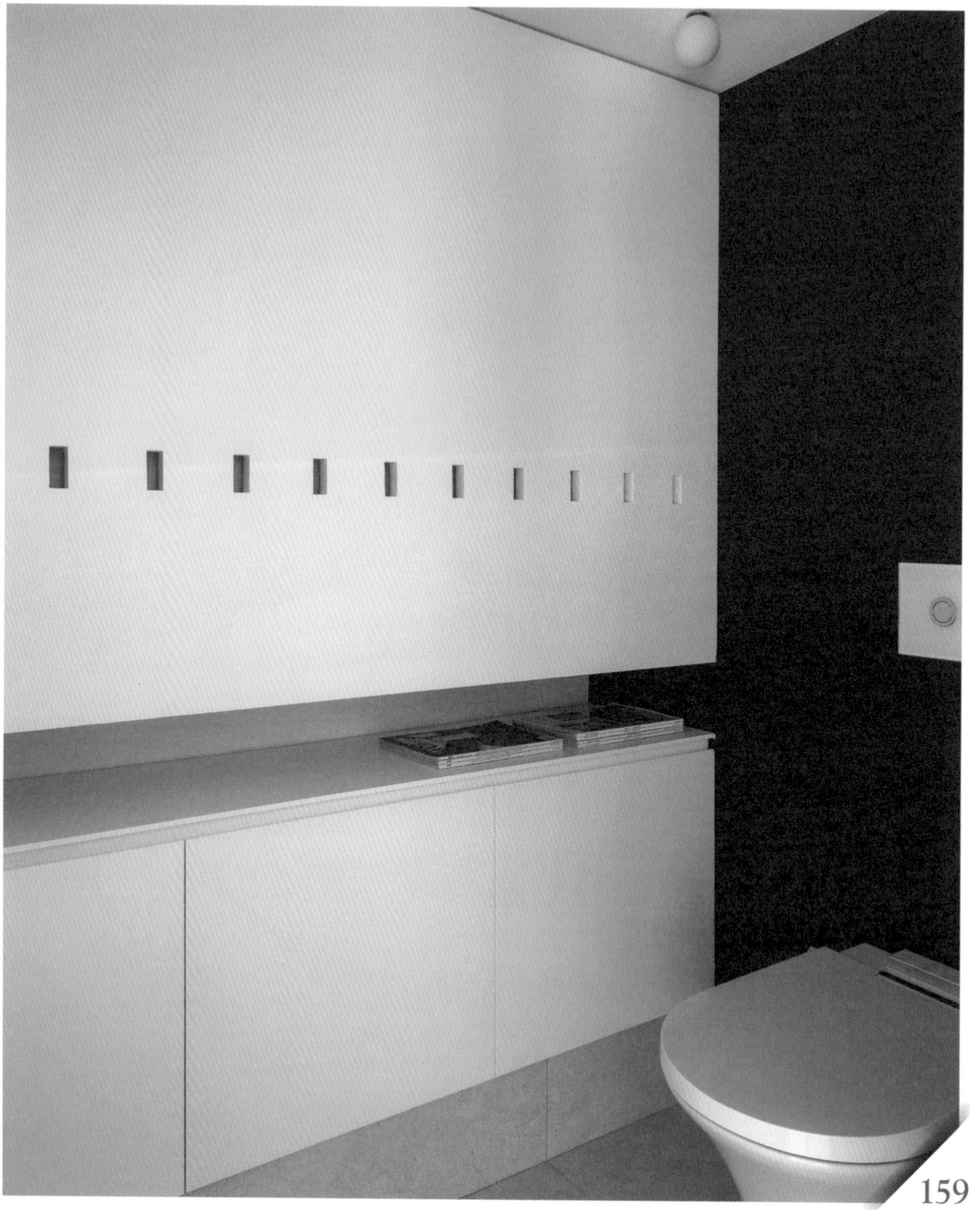

159

160

160 淋浴間拉大的畸零角落變開放層架

將淋浴間往外拉大後，利用與管道間所形成的局部畸零角落，以玻璃材質打造收納層架，玻璃不但耐用且又防潮濕，視覺上也較為輕盈，底層高度特意拉高一些，直接收納汙衣籃，上面就能放置換洗衣物與毛巾。圖片提供©實適空間設計

使用者需求◆希望有地方放置汙衣籃和毛巾備品等。
尺寸◆寬30公分、深36公分。
材質◆玻璃。
價格◆電洽。

161

161 水磨石增添現代大器質感

將淋浴間、如廁區各自獨立設計，浴缸、面盆規劃於外區，在素雅的塗料壁面背景下，選用灰白紋理的水磨石打造地坪與水槽、浴櫃，呈現自然富有變化的視覺效果。雙人用面盆以大尺寸比例加上浴櫃簡潔俐落的抽屜分割，展現大器質感，抽屜型收納也更加順手不費力。圖片提供©日作空間設計

使用者需求◆想要有各自分開使用的洗手檯、浴櫃。
尺寸◆寬155公分、高80公分、深60公分。
材質◆木作、水磨石。
價格◆NT.120,000元。

衛浴

162 因應日式衛浴設計，設置相異高度的櫃體滿足收納

此案的衛浴空間類似日本室內設計的規劃，具備乾濕分離且將洗衣機、烘衣機設置於室內。設計師將收納櫃體整合於浴室乾區，於櫃體下方預留可以放置洗衣籃的高度，上層櫃體的高度也各異，是爲了配合屋主本有的收納習慣，在量測好收納合的大小後才進行配置。此外，爲了讓收納功能更加分，保留了１５公分的深度於鏡子內部，讓屋主能放置洗面乳等物品於鏡櫃內。圖片提供©禾光室內裝修設計

使用者需求◆臥房內沒有特別設置化妝桌，化妝保養皆在衛浴間完成，需要不同高度的櫃格滿足瓶瓶罐罐的收納需求。
尺寸◆浴櫃：寬100公分、深61公分。儲物櫃：寬88分、高230公分、深42公分。
材質◆木作貼皮。
價格◆電洽。

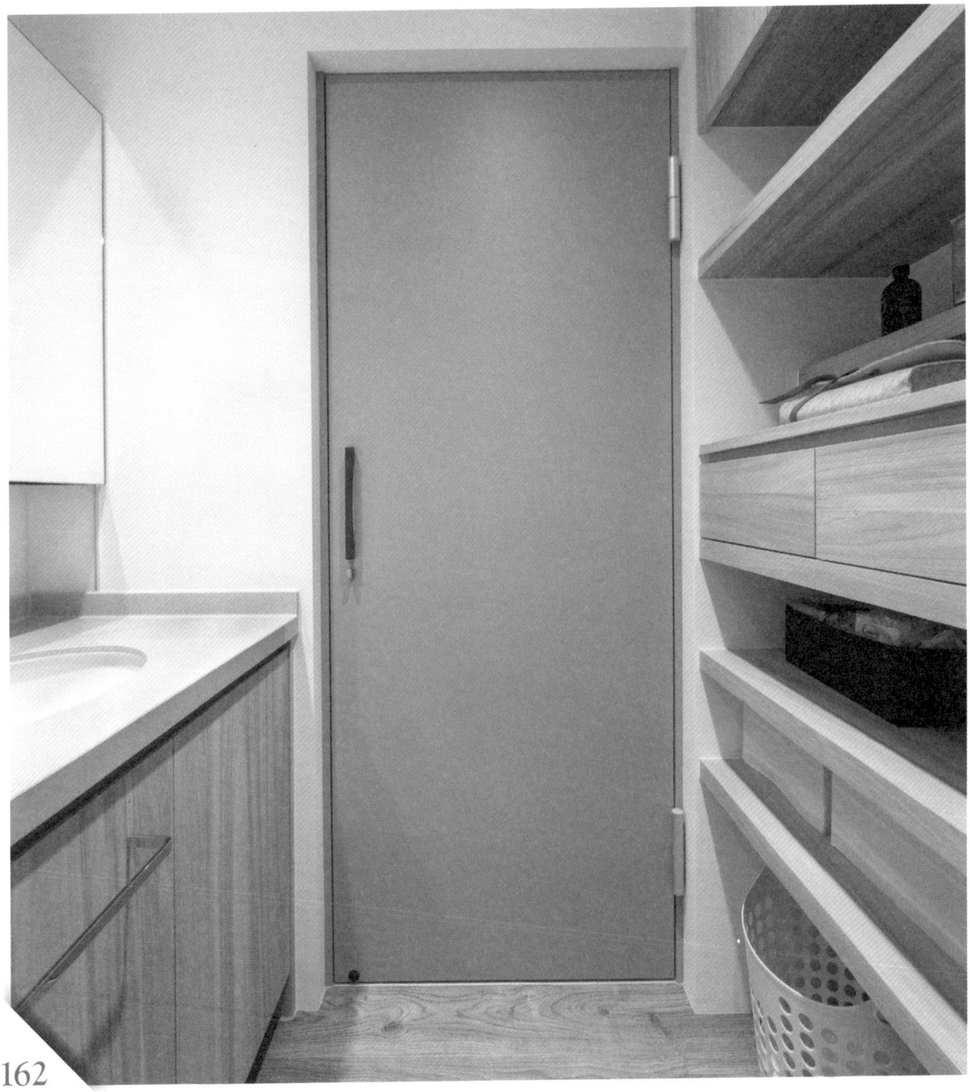

162

163 根據擺放物品設置櫃型，提升收納效率

位於主臥內的浴室空間尺度寬廣，以屋主喜歡的藍色系為基調進行設計，在磁磚與浴櫃的選色上，用深淺有別的藍色營造層次感。將收納功能整合於洗手檯，因而為屋主訂購了一體成形的臉盆與浴櫃。臉盆下方的櫃體可以放置清潔用品，馬桶上方的開放式櫃體則適合擺放常用的沐浴用品或者保養品……等。為了增加收納的彈性，也加裝了鏡櫃，與連接的櫃體深度相同，保持線條的整齊劃一。圖片提供©穆豐設計

使用者需求◆基本的收納功能之外，也要好清潔打掃。
尺寸◆鏡櫃：寬200公分、高75公分、深20公分。浴櫃：寬120公分、高75公分、深60公分。
材質◆發泡板噴漆。
價格◆電洽。

163

164

164 劃設雙洗手槽，多人一起使用也不怕

原空間配有兩間衛浴，礙於使用尺度窄小，設計者將兩間衛浴合併，使用不侷促、動線也很流暢。爲提升多人梳洗時的便利性，劃設了雙洗手槽及雙鏡櫃，就算一起使用既不怕受到干擾，且還有足夠空間能收納全家人的盥洗用品。上方鏡櫃內不只做了層格設計，還在其中加設了衛生紙孔，方便抽取使用也無須擔心衛生紙會被水沾濕，甚至是破壞整體的美觀性。圖片提供©帷圓・定制 circle

使用者需求◆衛浴需兼顧舒適、實用性。
尺寸◆洗手槽櫃：寬210公分、高85公分、深60公分。鏡櫃：寬60公分、高70公分、深20公分。
材質◆木作訂製櫃、鏡面材質、五金把手。
價格◆洗手槽櫃NT.5,000元／尺（含烤漆）。鏡櫃12,000元／單個（含鏡面材料、木作烤漆、噴漆等）。

165 櫃體設計演繹斜角優雅，凹凸手引方便拉動

原屋的室內坪數並不大，故以半開放式的設計讓空間獲得延展，並以斜角線型爲概念貫穿全室，表現俐落優雅之感。浴室的櫃體扣合此概念，從手引、櫃體至鏡面，以不規則的斜角造型破除方正形象，在手引處善用凹凸設計，不僅創造出面的立體感，也藉凹面鏤空處讓櫃體空氣流通，同時讓門板的拉動更加省力。圖片提供©甘納空間設計

使用者需求◆希望櫃體設計能破除傳統的方正形象。
尺寸◆寬190公分、高70公分、深42公分。
材質◆發泡板噴漆。
價格◆電洽。

165

166

166 鏡櫃延伸木框造型，放大視覺感

因客浴空間比例較大，將泡湯機能規劃於此，洗手檯的壁面設置鏡櫃賦予充足收納之外，下方浴櫃結合門片、抽屜形式，側邊也隱藏專門放置衛生紙的空間，鏡櫃右側特意延伸木框包覆窗戶，視覺得以拉長放大，加上壁燈與層架，也增添巧思與裝飾角落氛圍。圖片提供©FUGE GROUP馥閣設計集團

使用者需求◆想要一間能泡澡的衛浴空間。

尺寸◆浴櫃：寬150公分、高89公分、深60公分。鏡櫃：寬260公分、高115公分、深15公分。

材質◆木作貼皮、油漆染色、玻璃。

價格◆NT.58,650元。

167 亮橘櫃體、水磨石打造魔幻氛圍

40年的老屋翻新，從屋主提出的「粉、紫、綠、橘」指定顏色爲設計主軸，突發奇想運用來自荷蘭的DTILE弧形磚作爲衛浴主要焦點，並以橘色爲主色調，延伸至吊櫃、抽屜與水磨石磚，甚至是磁磚的填縫劑，靠牆的吊櫃可收納衛生用品，維持衛浴的整齊，抽屜則可放置吹風機等。圖片提供©FUGE GROUP馥閣設計集團

使用者需求◆主臥衛浴需要無障礙設計，以及收納備品、衛生用品。
尺寸◆電洽。
材質◆木作烤漆、磁磚。
價格◆電洽。

167

168

168 簡潔整合收納功能，發泡板材質預防腐爛

由於衛浴用品的瓶身高度不一，因此在浴櫃設計上，會以門板式櫃體為主，預留足夠的高度收納各類用品。檯面採用人造石材質，預留寬幅的檯面放置衛浴以及洗漱用品，同時也能讓屋主放置飾品來妝點浴室空間。於檯面上嵌入鐵件，提供懸掛毛巾的功能性，也能作為扶手，避免在浴室中因濕滑而跌倒。櫃體門板材質為發泡板，可防止由於濕氣的累積而導致櫃體朽壞。圖片提供©甘納空間設計

使用者需求◆可以兩人共同使用，而且衛浴用品，或保養品要方便拿取。

尺寸◆寬155公分、高65公分、深50公分。

材質◆發泡板噴漆。

價格◆電洽。

169

169 開放櫃體方便拿取

考量到幫小孩洗澡時需要較大的空間，以玻璃門片達到局部乾濕分離的效果，取代完全阻隔空間的淋浴門。爲了滿足屋主對於自然風格的喜好，配色上以草綠色搭配水泥灰色磁磚，並以水磨石營造活潑有機的氛圍。浴櫃設置有抽屜櫃以及門片櫃，可根據物品分類收納；浴缸上方則採用開放式櫃體，可擺放常用的衛浴用品，另外也配合泡澡時的人體高度設計了右下方的方型開放櫃，方便放置家中小孩的衛浴玩具。圖片提供©禾光室內裝修設計

使用者需求◆屋主提出爲小孩洗澡時需要寬敞的空間，以及希望能方便拿取衛浴用品。
尺寸◆寬150公分、高50公分、深62公分。
材質◆水磨石、原木。
價格◆電洽。

衛浴

170 蛇紋石展現輕奢感，擴大檯面方便物品放置

此間獨立客浴本身空間尺度充裕，因此不須將收納櫃體做極致整合，反之設計師保留了寬敞的洗手檯檯面，方便屋主放置常用的衛浴洗漱用品。力求簡化櫃體的線條，以扣合俐落大器的氛圍感，將洗手檯下方的門片櫃予以保留，可放置瓶身較高的清潔用品，與衛浴用品的收納做出區隔。圖片提供©甘納空間設計

使用者需求◆希望能保持獨立衛浴的寬敞空間感。
尺寸◆寬175公分、高70公分、深55公分。
材質◆發泡板噴漆、蛇紋石。
價格◆電洽。

170

171 洗手面盆櫃併入更衣間，使用更順暢

此爲主臥房衛浴，將淋浴、如廁區的功能獨立劃分，洗手檯移出與更衣間做整合，當女主人化妝保養需要清洗時，使用較爲方便。爲保留光線的通透，浴櫃集中在面盆底下，因空間有限，櫃體兩側採圓弧線條設計，行走間更順暢安全，開放式設計主要收納使用頻率較高的物品：如吹風機、梳子等，多買的衛生用品就收進中間抽屜。

圖片提供©日作空間設計

使用者需求◆希望能放置吹風機、以及多買的沐浴衛生用品。
尺寸◆寬150公分、高70公分、深50公分。
材質◆木作貼皮。
價格◆NT.100,000元。

171

172

172 流露現代古典的迷人韻味

整體空間採用大量的淺米石材鋪陳，再順應相似色系選用原木櫃門，木石的自然紋理展現舒適宜人的洗浴氛圍。櫃門則依照水槽位置排列形成等比的對稱分割，搭配線板的風格語彙，展露新古典的迷人韻味，高雅大器的氛圍傾洩而出。圖片提供©珥本設計

使用者需求◆屋主習慣在衛浴空間進行保養、化妝，需收納瓶罐，同時也需要一處可擺放髒衣籃的地方。
尺寸◆寬229公分、高74公分、深60公分。
材質◆茶鏡、鍍鈦金屬、橡木染灰。
價格◆電洽。

173 燈光襯托輕盈線條打造美型書櫃

樓中樓裡的多功能空間，不但是大人的起居視聽室，也是小朋友讀書及遊戲玩耍的地方，因此橫跨牆面的白色櫃體裡包括放置電腦的書桌，而置書層架則別有巧思，高低錯落的橫向層板利用直徑僅有1公分烤漆圓棒連接，靠近牆面的地方再搭配燈光，消減大型量體可能帶來的沉重視覺，輕盈的線條造出當代的俐落感。圖片提供©懷特設計

使用者需求◆希望櫃體使用上更靈活，美感和功能要同時兼具。
尺寸◆寬350公分、高217公分、深45公分。
材質◆美耐板、鐵件。
價格◆電洽。

173

174 簡練木質櫃，打造廳區層次端景

書房與廳區採玻璃隔間設計，將櫃體整合於背牆，純白圈圍自然木質，用簡練線條一筆筆描繪，打造穿透視覺上的層次端景畫面。由於這裡有更動為小孩房的未來計畫，因此除了展示櫃、檯面外，還另外規劃衣櫥機能，其他則選用可移動桌椅、傢具，方便以後機能變更時所需的局部改動。圖片提供©拾隅設計

使用者需求◆要同時滿足現有書房機能，以及未來小孩房硬體規劃。
尺寸◆木色櫃：寬168公分、高104公分、深35公分。木作上櫃：寬168公分、高54公分、深35公分。木作檯面：寬168公分、高20公分、深35公分。系統下櫃：寬168公分、高82公分、深35公分。系統衣櫥：寬93公分、高260公分、深60公分。
材質◆木作、歐洲白橡木皮、系統櫃、美耐板。
價格◆電洽。

174

175

175 線性結構的書牆有如珠寶盒

以珠寶盒的概念作爲設計發想，在開放的多功能閱讀區，運用秋香色調的尤加利木皮與輕薄鐵件在牆面構織出線性結構的裝飾書牆，其間混搭有水平與垂直塊狀櫃體，呈現錯落有致的畫面。而局部LED燈光的輝映則可打造精品質感，讓屋主擺設的每一件收藏或書籍都像珠寶般地耀眼。圖片提供©文儀設計

使用者需求◆考量屋主喜歡精品質感的設計風格，同時沙發後需要有作爲靠山的裝飾收納主牆。
尺寸◆上櫃：寬320公分、高195公分、深 26公分。下櫃：寬344公分、高35公分、深35公分。
材質◆上櫃（含層板）：尤加利木皮烤漆、5mm鐵板烤漆。下櫃：尤加利木皮烤漆。
價格◆電洽。

176 整合書櫃與書桌機能，每一處都實用

爲了將書房融爲客廳的一部分，利用玻璃作爲介質，有效延伸公領域的視野、採光性也不會被破壞，再者玻璃具阻隔音功能，使用者身處其中也能專心工作。是爲了讓工作檯面夠大可以放置文件、筆電等用品，層板開放格維持在座高視線範圍內，以減少工作時的壓迫性。其餘的面積採用門片設計，維持最高的書房所需收納量。另外書房還有兼具客房的功能，將捲簾拉下即可成爲獨立房間，一旁就擺放了依據標準雙人床尺寸所設計的臥榻。圖片提供©巢空間室內設計NestSpace Design

使用者需求◆書房與客廳整合。
尺寸◆書櫃：寬260公分、高185（離地75公分）、深40公分。書桌：長200公分、上方保持50公分、中間層板開放格高20公分。
材質◆系統櫃、拍拍門五金絞鍊。
價格◆電洽。

176

177

177 蠶豆書牆不只收得多，更能舒服坐臥看書

座向朝南的房子採光非常好，但如果因應藏書需求單純規劃一面書牆，恐怕會減弱光線，因此設計師以鏤空的蠶豆造型書牆，作爲架高和室與廊道之間的分野，不但滿足大量書籍收納，也讓光線維持穿透，蠶豆造型的彎曲線條更對應人體弧度，大人小孩都可以舒服地坐在裡頭看書。書櫃深度則特意放大至將近60公分，可收納兩層書籍的數量。圖片提供©日作空間設計

使用者需求◆擁有豐富的藏書量，孩子在國外求學階段很喜歡當地一間圖書館，對於圖書館裡面的蠶豆造型印象深刻。
尺寸◆寬280公分、高295公分、深50公分。
材質◆家具廠商訂製。
價格◆NT.80,000元。

書房

178 全家共享開放書房，多功能櫃牆提升收納性

此區爲開放式書房，雖然家中小孩都有各自的書房，屋主仍舊希望能有一間能讓全家共用的書房。書房中的大長桌可以提供多人使用，除了作爲休閒閱讀區，也能搖身一變成爲居家工作區。書櫃牆上設置有門板式櫃體以及開放式層架，可將較爲零碎的雜物收放於門板櫃體內。此外，書桌上的吊櫃高度設計經過特別測量，故而得以與屋主自備的資料收納盒尺寸相互吻合。圖片提供©禾光室內裝修設計

使用者需求◆希望能有公共書房能讓全家人共同使用，提供休閒閱讀功能，同時也能滿足居家辦公的需求。
尺寸◆書櫃：寬240公分、高235公分、深40公分。吊櫃：寬319公分、高75公分、深60公分。
材質◆木作噴漆，保留木作紋理。
價格◆電洽。

178

179 遞進式規劃創造立面最大坪效

由於地坪面積僅有7坪（包含衛浴），爲提升可用的範圍，選擇從垂直立面爭取更多可使用的空間，因此以複層形式，來回應所需機能以及生活中大量的展示與收納需求。從階梯延伸出的展示櫃，進而再發展出書桌、書櫃，以及衣櫃等。遞進式的空間規劃不僅創造出立面的最大坪效，也在有限的空間中創造極大價值。
圖片提供©巢空間室內設計NestSpace Design

使用者需求◆有展示與收納的需求。
尺寸◆書櫃：寬100公分、深60公分。樓梯展示櫃：寬220公分、深80公分。衣櫃：寬250公分、深60公分。
材質◆系統櫃、不同色階、色調的面料穿插交互使用。
價格◆電洽。

179

書房

180 機能書櫃完美分割線條創造空間個性背景

屋主夫妻都是工作忙碌的醫生，兩人回家也需要閱讀大量的相關書籍，因此屋主想要有機能完整的書房收整電腦設備以及豐富的參考書。整個公領域維持視覺的開放，僅以及腰矮牆界定書房及客廳，大面積的書牆以開放格櫃規劃，藉由精心配置的比例及線條切割，交織出豐富的視覺變化而不覺得呆板；木製書櫃以黑色作爲襯底，使居家空間更顯人文氣息。圖片提供©樂創空間設計

使用者需求◆有大量的書藉資料，希望有收納量足夠的書櫃。
尺寸◆寬495公分、高264公分、深40公分。
材質◆木作。
價格◆電洽。

180

181 手感藤編門片增加通透性與紋理層次

調整原始較擁擠的四房格局，將其中一房拆除後規劃成開放式書房，公領域空間尺度延伸後整體感更爲寬敞，書房背牆上方的收納櫃以手作藤編門片來呼應整體溫潤的人文風格，也使收納書本的櫃子有較好的通透性，下方則搭配淺色橡木製成的層架作爲紀念品等蒐藏展示，爲空間增添豐富的生活感，也使進入空間後的立面端景引人矚目。圖片提供©奇逸空間設計

使用者需求◆公領域書櫃要能收納藏書也要呼應空間美感。
尺寸◆寬238.5公分、高155公分、深40公分。
材質◆木作。
價格◆電洽。

181

182 開放層櫃讓嗜好蒐藏成為吸睛展示

屋主本身是位鋼彈迷，因此想要有一個亮眼的位置展示所蒐藏的鋼彈模型。客廳沙發後方以矮牆圍塑書房區域，後方以木作架構出整面牆櫃；櫃體主要分成兩個部分，上方開放式作爲展示用，讓模型成爲家裡的獨特裝飾，下方門片櫃則可以不著痕跡的彙整公領域物品，窗戶旁邊的臥榻下方也規劃了抽屜，完善的收納配置，讓書房裡的櫃子足以對應整個20坪小空間的收納需求。圖片提供©樂創空間設計

使用者需求◆希望有大櫃子展示蒐藏的各種玩具模型。
尺寸◆寬325公分、高235公分、深35公分。
材質◆木作。
價格◆電洽。

182

183

183 省略底板的櫃體，打掃更方便

以簡約無印派風格打造的空間，客廳相鄰的區域被規劃爲書房、琴房，書房與走道之間的隔間採用櫃體，局部以小冰柱玻璃、鐵件構築展示架，成爲中島一部分的端景，櫃體分格則依照屋主各種書籍尺寸去做配置，底部省略底板、直接落地，更好清潔。圖片提供©FUGE GROUP馥閣設計集團

使用者需求◆有收藏品以及不同尺寸書籍需要收納。
尺寸◆寬180公分、高247公分、深47公分。
材質◆木工、玻璃、鐵件。
價格◆NT.58,650元。

184

184 漫畫書牆既是隔間，也可打開光線與自由動線

原始四房二廳的格局即便方正，然而隔間卻阻擋了採光，加上書房空間有限，屋主收藏的漫畫也難以獲得完整的收納，因此設計師將書房隔間打開，利用一座漫畫書牆重新界定公共廳區與書房的關係，書牆成爲廳區最美的風景，公領域宛如一間大閱覽室，同時鐵件書櫃中間利用清玻璃貼覆西德紙的做法，搭配雙向開放的動線設計，外側採光得以穿透至書房、走道，又能保有書房適度的隱私。圖片提供©甘納空間設計

使用者需求◆夫妻兩人都非常喜歡看漫畫，擁有的漫畫書數量十分驚人，需要可收納的空間。
尺寸◆高430公分、寬220公分。客廳書櫃深度16公分。書房書櫃深度26公分。
材質◆鐵件、玻璃、西德紙。
價格◆電洽。

185

185 開放鐵件書牆爭取坪效避免壓迫

公共領域捨棄隔間安排，架高地坪劃分出休閒區、書房，從書桌左側打造出延伸於後方廊道的開放書牆，櫃體材質以烤灰鐵件構成，相對於木作貼皮的做法，鐵件剛性韌性佳、厚度也比木作薄，可避免過於笨重壓迫，也能符合屋主喜歡的現代簡約風格。除此之外，櫃體背牆維持白色、亮面反光面處理，不放書的時候視覺上也很清爽。圖片提供©日作空間設計

使用者需求◆需要有高容量的櫃體，漫畫書的數量最多。
尺寸◆寬420公分、高230公分、深30公分。
材質◆木作、鐵件。
價格◆NT.200,000元。

186

186 日式系統層架打造雜貨風格

在這個家，因爲屋主偶爾會在家工作，因此書房採用彈性拉門爲隔間，可隨時調整開放與否，也由於工作時間是短暫，加上夫妻倆對於日式雜貨風格的喜愛，客廳與書房之間選擇利用通透的日系層架收納取代一般書櫃，層架組裝好後以伸縮架固定於天花板，加強結構穩固，系統層架也能增加不同套件讓收納變得更彈性。圖片提供©日作空間設計

使用者需求◆偶爾有在家工作的需求，需要可以專注的獨立空間。

尺寸◆寬288公分、高230公分、深35公分。

材質◆系統板材。

價格◆電洽。

書房

187 洞洞板門片化身書櫃一環，讓使用最大化

書牆間剛好爲臥房出入口，爲避免門片破壞牆面的整體感，便將拉門與洞洞板結合在一起，櫃面整體連貫的設計，保有隱私又帶點趣味，當門片開闔之間還能讓視覺延伸到臥室內的設計。也因爲洞洞板這項元素，讓櫃體又再延伸出吊掛收納的展示功能，將櫃面運用最大化，亦不再被門片的存在所侷限。書櫃裡除了擺放書籍還有其他小物與展品，因此配置了不同大小尺寸的層格子，減少收納櫃的浪費，也創造出展示收納的和諧。圖片提供©巢空間室內設計NestSpace Design

使用者需求◆能讓書籍、藏物有空間擺放。
尺寸◆寬300公分、高240公分、深30公分。
材質◆系統櫃材質、洞洞板材、緩衝絞鍊、滑軌。
價格◆電洽。

187

188

188 如儲藏室般的收納櫃

位於家中的多功能室，除了屋主平時做瑜珈之外，也是客人拜訪時借宿的房間，設計師將整面牆劃為收納空間，為了容納平時收起的床墊以及其他物品，選擇折門做為開啟方式，為開口爭取最大面積，像是行李箱等大型物品也可以一併收入。設計師提醒，折門使用上必須熟悉開啟與關閉的施力點，若家中有孩童可裝設地鎖避免誤開。圖片提供©時治設計

使用者需求◆有儲放大型物品，如床墊、行李箱等需求。
尺寸◆寬210公分、高240公分、深40公分。
材質◆白橡鋼刷木皮染色處理。
價格◆木工門片NT.6,000元／尺、櫃體NT.4,800元／尺（價格僅供參考）。

其它

189 以雙色複合櫃營造迴狀動線

因屋主希望生活動線更自由，因此，在改造這棟中古屋時拆解了多數隔間牆，其中在客廳通往餐廳的過道上，安排有一座木皮原色與噴黑處理的複合式櫃體矗立其間，讓櫃體兩側形成迴狀動線，臨窗處的佛堂則以玻璃拉門取代隔間牆，讓光線自由漫射呈現輕鬆氛圍。而黑、木雙色櫃體設計也成爲客廳與餐區的轉場定位點。圖片提供©文儀設計

使用者需求◆對生活有自己節奏與想法的屋主，希望新居能跳脫傳統的固定隔間配置與設計思維。
尺寸◆寬230公分、高180公分、深45公分。
材質◆木紋：楓木木皮。黑色：栓木木皮噴黑
價格◆電洽。

189

190 微調入口動線多出衣櫃與大容量儲物櫃

原始小孩房空間有限，幾乎沒辦法再規劃衣櫃，重新微調主臥與廚房入口之後，不但小孩房可以獲得衣櫃收納機能，對於公共廳區來說更衍生一面L型櫃體，包含抽屜、高櫃、吊櫃等收納形式，對於四口之家來說堪比一間儲藏室實用。櫃體左側底端一併整合主臥房門，白色烤漆立面加上轉角圓弧設計、門把與層架顏色也給予統一處理，視覺上清爽柔和。圖片提供©實適空間設計

使用者需求◆小孩房空間有限，未能規劃衣櫃，公共場域收納也不夠多。
尺寸◆高櫃：高225公分、深35公分。L型櫃：寬93公分、深276公分。
材質◆木作烤漆。
價格◆木作高櫃NT.7,000~8,000元／尺（含烤漆、BLUM五金）。

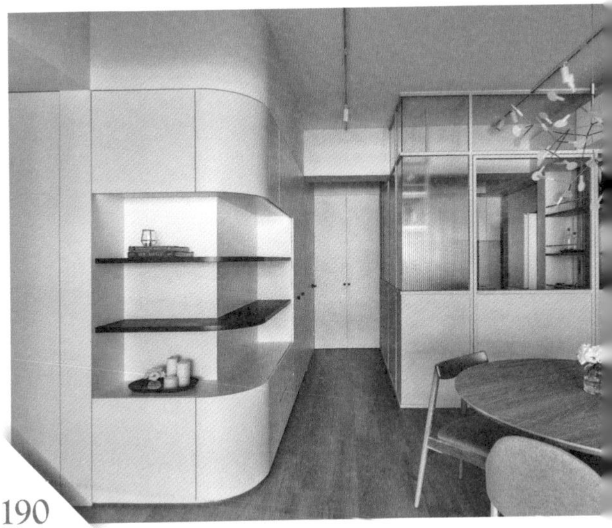
190

191

191 抽屜洗衣台專屬毛巾、地墊收納

長型的中古屋改造，藉由格局調整過後，另闢一區獨立的洗衣工作間，可妥善配置洗衣機以及洗衣台，即便夏天也能在涼快舒爽的環境整理家務。洗衣台下方規劃抽屜櫃、壁面搭配層架，前者作爲屋主收納毛巾、地墊，層架則直接擺放清潔用品，順手好拿。圖片提供© FUGE GROUP馥閣設計集團

使用者需求◆想要將曬衣和洗衣空間區分開來。
尺寸◆寬85公分、高35公分、深55公分。
材質◆木作貼皮、人造石檯面。
價格◆NT.33,433元。

192 點亮沉穩黑，襯托衣物收納最佳背景

老宅主臥坪數有限，設計師將衣物收納功能獨立出來、設置於走道相鄰處，令寢區機能更加齊全。狹長型更衣間除了利用鏡面放大視覺感，沉穩黑色主調搭配櫃體內嵌LED燈，打造立體效果之餘，也成爲最佳衣物陳列背景。圖片提供©向度設計

使用者需求◆老屋改建的主臥空間有限，衣物希望能分門別類妥善收好。
尺寸◆寬85公分、高230公分、深30公分。
材質◆系統櫃。
價格◆NT.20,000元／組。

192

193

193 利用視角差讓開放櫃也有隱藏效果

誰說一定要有儲藏室才能解決收納問題，在這個案子中，設計師巧妙利用視角差、動線弧度的設計，將進門左側角落規劃爲休閒與儲物區，開放式櫃體隱藏在視角以外，即使沒有門片也不會輕易被看見，同時又能輕鬆拿取收納。一側圓弧同樣採用開放層架，一進門就能看見心愛的模型收藏，但另一端弧形改用門片開闔，把更雜亂的小物品集中管理。圖片提供©日作空間設計

使用者需求◆家中有二台腳踏車、很多露營裝備，男屋主也蒐藏很多海賊王的模型，希望上述物品都能妥善被收納。

尺寸◆大面開放櫃：寬260公分、高220公分、深60公分。開放展示櫃：寬120公分、高220公分、深25公分。

材質◆木作。

價格◆NT.180,000元。

194 雜物、包裹拆裝的整理收納中轉站

客廁與廚房間的收納櫃主要是用來收納環保袋與餐盒，上方層板則擺放著最常翻閱的幾本食譜。由於此處為大門、廚房的必經之地，方便放置剛到家的大包小包、包裹等雜物，先喝口水、上個廁所放鬆一下，再於檯面好好地拆卸包裝、各歸各位。圖片提供©王采元工作室　攝影©汪德範

使用者需求◆環保袋、藥品收納，與各式雜物拆裝工作平台。

尺寸◆藥品環保袋收納櫃組：寬110公分、層板深35公分、下櫃深50公分、層板高170公分／210公分、下櫃高98公分。

材質◆F3波麗板、天然柚木貼皮接柚木實木封邊。

價格◆電洽。

194

195

195 大面積格櫃、抽屜爭取小宅的極大收納量

僅有9坪的小房子，目前居住了一對姐妹，利用空間最大面積的牆面，完整規劃格櫃、抽屜，完整收納書籍與各種生活物品，部分格櫃加入金屬橫桿，有如書店般的陳列效果，成爲臥房美好的端景。仔細看靠近天花處預留凹槽，未來可將兩單人床鋪之間的拉門裝上，就變成櫃子門片，同時也是收納與展示用的洞洞板。圖片提供©FUGE GROUP馥閣設計集團

使用者需求◆兩姐妹需要充足的收納機能。
尺寸◆寬280公分、高84公分、深25公分。
材質◆木工貼皮、油漆染色。
價格◆NT.78,300元。

196 根據收納盒量身打造，快速收拾好玩具

這個家沒有客廳，餐廳旁的空間規劃爲閱讀、遊戲角落，根據孩子們喜歡的樂高玩具收納盒量身訂製一面櫃體，最底部的尺寸就能直接將一個個收納盒置入，收拾毫不費力，上半部以弧形轉角的吊櫃打造，讓櫃體呈現輕盈的視感，弧形收邊線條柔和，也避免孩子碰撞，而且其中一個格櫃其實是相鄰臥房使用的床頭櫃。圖片提供© FUGE GROUP馥閣設計集團

使用者需求◆想要孩子簡單快速能整理玩具。
尺寸◆寬265公分、高250公分、深40公分。
材質◆木工貼皮、油漆染色。
價格◆NT.72,000元。

196

其它

197 手作工作者的夢幻收納櫃

擅長皮件、金工、珐瑯、縫紉等各式手工藝的女主人，興趣不僅多元且深入，隨之而來的便是龐大材料、工具收納問題。透過由窄至寬的漸進不規則L型柚木手作收納櫃，符合各項工藝所需大小檯面，更以屋主習慣的站立作業為設計方向，規劃可放入整張紙、皮革的八大抽，與擺放各式物件瓶罐尺寸的收納細節。值得一提的是，吊櫃左側洞口連接小孩房，方便小朋友想媽媽了、可以隨時探頭造訪。圖片提供©王采元工作室 攝影©汪德範

使用者需求◆擁有紙張、皮革、紙膠帶、棉花等超多屬性、尺寸各異材料需妥善收納。
尺寸◆L型工具收納工作桌：長邊寬450公分、短邊寬245公分、深96公分（最深）／70公分（最淺）、高98公分。
材質◆F3波麗板、天然柚木貼皮接柚木實木封邊、天然柚木拼板。
價格◆電洽。

197

198 回字形動線上設置洗手台，將樑柱改造為收納櫃

原屋的衛浴空間狹小，為了符合屋主希望家中能有兩個馬桶的需求，將浴廁的洗手台外拉至公領域，藉此釋放廁所空間設置馬桶。利用回字形動線將洗手台半隱蔽起來，洗手台的另一側為餐廚空間的中島區，同時可以讓有烘焙興趣的屋主於烘焙時使用。洗手台右方本為結構性樑柱，設計師將其改造為可收納櫃體，深度與洗手台下方的櫃體相同，有效提升了收納性能。圖片提供©禾光室內裝修設計

使用者需求◆希望家中能配置兩套馬桶。
尺寸◆寬152公分、深55公分。
材質◆系統板、烤漆玻璃。
價格◆電洽。

198

199

199 進入廚房領域前的品味展示區

將大型收納量體分割爲儲藏室、鞋櫃以及廚房收納櫃使用，安排在廚房入口處，做爲餐廳與廚房的緩衝中介，也是進入廚房的展示空間。經過計算分割，各個高度皆可以擺放漂亮餐具、紅酒、高腳杯、食譜等，多功能性的使用。圖片提供©實適空間設計

使用者需求◆屋主喜歡下廚料理需要食譜，平時也有小酌紅酒與收集漂亮餐具的習慣。
尺寸◆寬24公分、高182公分、深38公分。
材質◆橡木貼皮。
價格◆NT.4,500～5,000元／尺。

200

200 廊道書櫃將圖書館搬進家

為讓走道更具生氣，透過浴室牆面的畸零空間規劃為書櫃，提供開放式書房的書籍收納。下方空間則增加櫃門，讓雜物收納之餘，也兼具簡約俐落的清新感受。再輔以燈具與光線的考慮，製造場域切換的小驚喜。圖片提供©實適空間設計

使用者需求◆需要大量的空間放書，加上屋主睡前有拿書閱讀的習慣，因此書櫃要靠近書房與臥房。

尺寸◆寬110公分、高240公分、深25公分。

材質◆木作貼密集板烤漆。

價格◆NT.4,500～5,000元／尺。

圖解完全通 27

收納櫃設計完全解剖書【暢銷更新版】

好用的櫃子就是要這樣設計！
從機能、動線、尺寸和材質開始，讓家住得更舒適！收納從此沒煩惱！

作者 | 漂亮家居編輯部
責任編輯 | 許嘉芬
文字編輯 | 黃婉貞、陳佳歆、CHENG、王馨翎、鄭雅分、Acme
美術設計 | 莊佳芳
活動企劃 | 嚴惠璘
編輯助理 | 黃以琳

發行人 | 何飛鵬
總經理 | 李淑霞
社長 | 林孟葦
總編輯 | 張麗寶
副總編輯 | 楊宜倩
叢書主編 | 許嘉芬

出版 | 城邦文化事業股份有限公司 麥浩斯出版
E-mail | cs@myhomelife.com.tw
地址 | 104台北市中山區民生東路二段141號8樓
電話 | 02-2500-7578

發行 | 英屬蓋曼群島商家庭傳媒股份有限公司城邦分公司
地址 | 104台北市中山區民生東路二段141號2樓
讀者服務專線 | 0800-020-299（週一至週五上午09:30～12:00；下午13:30～17:00）
讀者服務傳真 | 02-2517-0999
讀者服務信箱 | service@cite.com.tw
劃撥帳號 | 1983-3516
劃撥戶名 | 英屬蓋曼群島商家庭傳媒股份有限公司城邦分公司

香港發行 | 城邦（香港）出版集團有限公司
地址 | 香港灣仔駱克道193號東超商業中心1樓
電話 | 852-2508-6231
傳真 | 852-2578-9337

馬新發行 | 城邦（馬新）出版集團Cite（M）Sdn. Bhd.
地址 | 41, Jalan Radin Anum, Bandar Baru Sri Petaling,
57000 Kuala Lumpur, Malaysia
電話 | 603-9056-3833
傳真 | 603-9057-6622

總經銷 | 聯合發行股份有限公司
電話 | 02-2917-8022
傳真 | 02-2915-6275

製版印刷　凱林彩印股份有限公司
版次　2021年10月三版一刷
定價　新台幣450元　Printed in Taiwan

國家圖書館出版品預行編目(CIP)資料

收納櫃設計完全解剖書【暢銷更新版】：好用的櫃子就是要這樣設計！從機能、動線、尺寸和材質開始，讓家住得更舒適！收納從此沒煩惱！／漂亮家居編輯部著. -- 三版. -- 臺北市：城邦文化事業股份有限公司麥浩斯出版：英屬蓋曼群島商家庭傳媒股份有限公司城邦分公司發行，2021.10

面；　公分. --（圖解完全通；27）

ISBN 978-986-408-736-5（平裝）

1.家庭佈置 2.室內設計 3.櫥

422.34　　110014635